幸龄

幸龄，岁月皆甘甜

# 幸龄

## 幸せな老後のための
## マインドリセット

〔日〕和田秀树　著
于传锋　李孟丽　译

中国出版集团有限公司
研究出版社

**图书在版编目（CIP）数据**

幸龄 / （日）和田秀树著 ； 于传锋， 李孟丽译 . -- 北京 ： 研究出版社， 2025. 9. -- ISBN 978-7-5199-1897-2

Ⅰ . B82-49

中国国家版本馆 CIP 数据核字第 2025HS7860 号



**著作权合同登记号 图字：01-2025-3359 号**

出 品 人：陈建军
出版统筹：丁 波
责任编辑：杨 猛
责任营销：毛 欣
责任印制：王宏鑫

幸 龄
XINGLING
〔日〕和田秀树 著 于传锋 李孟丽 译
研究出版社 出版发行
（100069 北京市丰台区右外西路 2 号中国国际出版交流中心 3 号楼 8 层）
北京隆昌伟业印刷有限公司 新华书店经销
2025 年 9 月第 1 版 2025 年 9 月第 1 次印刷
开本：880 毫米 ×1230 毫米 1/32 印张：7.125
字数：80 千字
ISBN 978-7-5199-1897-2 定价：59.00 元
电话（010）59901918 59901919（发行部）

# 重塑幸福银龄的观念

# 目　录

## 序　章
## 写给“幸龄者”的您



## 第一章
## 重塑“金钱观”

## 第二章
## 重塑“亲子观”

## 第三章
## 重塑“夫妻观”



## 第四章
## 重塑“医疗健康观”

## 第五章
## 重塑“生活方式”“生活观”

## 终　章
## 重塑观念的七条法则

序 章

# 写给“幸龄者”的您

## 高龄者，要敢于活出自己

15年前，我去参加摩纳哥电影节时，遇到了一幕至今难以忘怀的景象。一群上了年纪的男士，开着一辆接一辆的汽车来到电影节现场。仔细一瞧，其中不乏法拉利等高级跑车，而这样的场景竟屡见不鲜。我不禁感叹“真帅气啊”，打心底里羡慕。

他们不经意间展现出的奢华的生活方式，丝毫不让人反感。也许只有到了一定年纪才能拥有这样的“特权”吧。要是年轻人开着豪车四处跑，人们只会觉得“这肯定是家里有钱的富二代，整天游手好闲”，或者“说不定是赚了不义之财的暴发户”；但上了年纪的人这样做时，人们却会发出“真有品位”这样的感叹。

没错，其实高龄者才是真正“适合享受奢华生活的人群”。

然而在日本，能过上那种奢华生活的高龄者只是少数。并不是因为没有钱，而是心态不同。在日本，假设有人拿到了2000万日元的退休金，很多人还是会想着“这笔钱必须留着养老”，然后全部存为定期存款吧。

我并非要否定这种行为本身，但是，那种抱着“这是对40多年来辛勤工作的自己的犒赏”的想法，去购买法拉利或保时捷的人生，不是会更“有趣”吗？

一般来说，随着人的年龄增长，可以逐渐摆脱社会舆论的束缚，更何况是到了人生的第二阶段（退休后）。一旦到了退休年龄，那种“××公司的员工”“公务员”之类的“束缚”就不存在了。那些在职时因种种原因未能实现的愿望，如今作为独立的个体，完全可以堂堂正正地去追求。

然而，在现实中，似乎很多高龄者依然在意别人的眼光。他们没有真正放手去做自己喜欢的事情，而是像在职时一样压抑自己，继续“忍耐”着。

## 你要“忍耐”到何时?

忍耐，涉及生活的方方面面。

因为医生叮嘱过“必须降低血压和胆固醇”，就克制自己不吃盐分和油脂含量高的美味料理。因过度担心养老金不够花，就一分钱都舍不得花，只顾着存钱。即便有自己想穿的衣服，也会担心别人说“这不是高龄者该穿的”，最后还是选择朴素的衣服来穿。

总而言之，高龄者为了不引人注目就必须忍耐，有不少日本人抱着这样的想法度过晚年。但是，人生已经走过一大半，甚至已经过了退休年龄，还只是一味地忍耐，这样真的幸福吗?

我不这么认为。所谓幸福的高龄者，归根结底就是能够追随自己的内心，去做那些真正让自己快乐的事。在日本，节约曾经被视为一种美德。在那个时代，人们即便心怀对玩乐的渴望，也常常因为内心的顾虑而无法尽情享受。可是，如今六七十岁的老人们，经历过日本富裕的时代，也经历过泡沫经济时期。因此，我认为他们懂得享受生活。

我觉得现在正是需要“观念重塑”的时候。成为高龄者后，不应一味忍耐，而是可以去做自己喜欢的事情。希望大家能这样看待：步入老年，其实就意味着获得了自由。

观念一旦改变，生活方式会随之焕然一新，看待世界的眼光也会不同。这样一来，余生会变得更加充实。而且，到了七八十岁，反倒更应该随心所欲地生活。这就是让八九十岁的生活丰富多彩的秘诀。

学习方面也是如此。不要关在家里读书，而是出门，和同龄的朋友们讨论问题，交流对电影、戏剧的感想，或者创建一个博客、个人网站这种可以表达自己想法的账号。这样的话，大脑会受到更多的刺激，使高龄者也能保持年轻的心态。

当然，即便如此，作为生物，我们也无法抗拒“衰老”。到了80岁后半段，无论谁都会感受到肌肉的萎缩，半数的人还会出现认知障碍，身体也不再像以前那样听使唤了。

“在变成那样之前”的时光非常重要。人生的转折点恰恰就在“这里”。比如，即便到了70岁，也有一些人没有失去求知欲，依然保持着丰富的人际关系。这样的人，就是那些在60岁时自由奔放、充满活力地生活的人。退休后的70岁，或者80岁该如何度过，这是一个极为重要的选择，它会极大地影响人生的后半程。

## “80后”精力充沛人群的共同点

随着年龄的增长，人的大脑的前额叶功能会逐渐衰退。

前额叶的功能衰退，不仅会使人思考变得迟缓，还会导致高龄者对事物漠不关心、缺乏动力以及创造力下降。此外，应对新情况的能力和情绪控制能力也会随之降低。

但是，只要持续使用前额叶，它的功能就不会那么急剧地衰退。即便到了70岁，只要不过分勉强自己忍耐，自由地生活，就能够减缓前额叶功能衰退的速度。

实际上，前额叶从40岁左右就开始明显萎缩。社会上有很多人早在40岁时就已经失去了动力和创造力，然而，也有许多人即便过了七八十岁，依然能不断想出具有开创性的点子，并以充沛的精力将其付诸实践。

日清食品的创立者安藤百福先生在48岁时开发并发售了世界上第一款即食拉面“鸡肉拉面”。他的创业热情直到晚年也没有减退，在96岁时，他还与日本宇宙航空研究开发机构（JAXA）共同开发了太空食品。

任天堂（译者注：日本电子游戏开发公司）的社长山内溥，在75岁时退任为董事顾问，但即便到了晚年，他依然不断提出新的创意。原本任天堂是制造花札（译者注：起源于日本的花纸牌）和扑克牌的，山内溥在从祖父（前任社长）手中接过社长之位后，陆续向市场推出了许多具有创新性的玩具。

像可以伸缩来抓取物品的“超级怪手”，以及内置传感器的“光线枪 SP”等，这些都是我上小学时的热门商品。由于这些商品的大获成功，山内先生坚信使用电子技术的商品前景广阔，于是下令开发了家用电视游戏机“红白机”。

55 岁时推出了“红白机”，61 岁时推出了另一款火爆产品“Game Boy”，在卸任社长后，还提出了双屏游戏机概念的“任天堂 DS”。

由此可见，并非所有上了年纪的人前额叶功能都会衰退，那些有上进心的人，反而能够利用以往的人生经验，进行更具创造性的活动。大脑是越用越灵活的。

## “70后”并不老，恰是“幸龄”

当然，每个人情况不一样，既有年龄、体形的不同，也有性格和思考方式的差异。生活环境、工作情况以及家庭构成也都各不相同。每个人都是完全不同的个体，走的是截然不同的人生道路。

然而，所有人都有一个共通之处，那就是，每个人最终都将走向死亡。这是无论如何都无法避免的。

在走向死亡之前，有两条道路可以选择。

一条是幸福之路。在这条路上，我们可以在生命的尽头，心满意足地说：“这是一段美好的人生，谢谢。”然后心满意足地离开这个世界。

另一条是遗憾之路。在这条路上，我们会在临终时满心后悔，念叨着“要是当初……就好了”“怎么会变成这样……”最终带着遗憾离开人世。

你想选择哪条道路呢？答案不言而喻。

为了避免生命的最后留有遗憾，最重要的事情是什么呢？追根究底，其实可以归结为一点。

那就是接受衰老，做好自己能够做到的事。秉持这样的一种生活态度，这就是“幸福的晚年”和“遗憾的晚年”之间的分界线。

“幸福”是由个人的主观感受决定的。也就是说，它取决于自己的心态。

比如，有的人会哀叹自己的衰老，每天念叨“这个做不了了，能做的只剩下这些了”，满眼都是“做不了”，而有的人则会接受自己的衰老，他们看到的是自己可以做的“还有这个，还有那个”。这两种人，究竟哪一种会更幸福呢？

据我的临床经验，那些可以做好自己还能做到的事情，认为自己可以做的“还有这个，还有那个”的人，看起来更幸福。我觉得他们中很多人都能和家人以及周围的人愉快地相处。

在日本，65岁以上的人被称为“高龄者”，75岁以上的人被称为“后期高龄者”。

但是，总觉得这些称呼听起来有点机械死板，会让人感到有点难过。

毕竟大家都如此努力地生活到现在，我一直认为，应该用更积极、更能给人带来希望的称呼才对。

所以，我想大声地提出一个建议。

从今往后，不要再叫“高龄者”了，我们就叫“幸龄者”吧。

过了70岁，愉快且充实度日，每天都能感受到幸福的人，就是“幸龄者”。

这样的称呼，应该能让人感受到温暖，也能让人对年龄增长充满期待。

我们都希望能度过幸福的晚年，圆满地走完人生。我们所追求的，不正是这样的“幸龄者”吗？难道上了年纪，还要继续在忍耐中度过每一天吗？

我强烈希望，在未来的日本，能够推广“幸龄者”这个词语以及这种思维方式。

## 重塑观念的七条法则

要想成为“幸龄者”，需要重塑我们的心态。从年青时起，我就在医疗一线接触到了许多高龄者和“幸龄者”，思考着他们到底有何不同，我从他们的状态中学习并有所感悟，最终归纳出了重塑心态的七条法则：

① 不以胜负论英雄

② 尝试，才能找到答案

③ 摒弃“理应如此”的思维方式

④ 享受当下

⑤ 不与人比较/高龄者不相互歧视

⑥ 自己寻找答案

⑦ 不要在意别人的眼光

或许你听过这样的话：

观念改变，行动就会改变。行动改变，习惯就会改变。习惯改变，人格就会改变。人格改变，命运就会改变。

这真是至理名言。通过进行观念重塑，你的行动会发生改变，习惯会发生改变，最终甚至连命运都会改变。

在本书接下来的内容中，我将详细阐述成为“幸龄者”，重塑观念的七条法则。

## 第一章

# 重塑“金钱观”

## 人生暮年的悔悟者

要想随着年龄增长变得幸福，度过充实的每一天，最重要的是转变迄今为止的“思维方式”。

我称之为“观念重塑”。

因为上了年纪，如果仍保持年轻时、工作时的思维方式，结果只会让自己痛苦。“必须工作”“不能麻烦别人”“不遵循体检要求不行”，诸如此类，其中很多都是基于教条主义的想法，与“快乐”“幸福”的标准相去甚远。越纠结于这些只会越压抑自己的内心，徒增痛苦。

在这之中，我深感最需要进行思维转换的就是“金钱观”。在长期从事老年医疗，为许多高龄者诊疗的过程中，我有一个发现。高龄者常常会出现行动迟缓、无法行走、卧床不起、认知障碍加剧等情况，一旦如此，能花钱的机会就越来越少了。

许多人出于房贷、养育子女以及养老等压力拼命省钱。不仅年轻时节俭，到了老年也依然如此。然而，却会在意想不到的时候突然卧床不起，或是患上认知障碍。

一旦这样，去旅行、去高级餐厅吃饭之类的事情就完全不可能了。

另外，当有一天生活难以自理，就算住进特护老人院或带护理的收费养老院，护理保险、养老金基本也能覆盖这些费用。到那时，很多高龄者都会后悔，觉得“没必要勉强自己存那么多钱”“要是能更多地享受人生就好了”“太亏了”。

正因如此，我们才要重塑观念，钱要花得有意义，努力地把钱花得让自己满足。

## 金钱：用之有价，藏之乏彩

金钱，从根本上来说，“花”比“攒”更具价值。

举个不太恰当的例子。如果在商场买很多名牌商品，连店员都会对你毕恭毕敬。再比如，如果把钱分给孩子们，他们都会屁颠屁颠地围着你。说句不该说的话，这就是现实。

有的人可能错误地认为“有钱人了不起”，这是因为在资本主义社会，“顾客就是上帝”。准确来说，“越会合理花钱的人才越了不起”。所以，上了年纪之后还在一个劲儿地存钱，或者一直把钱存到去世，简直是暴殄天物。要是死后留下一大笔遗产，说不定还会引发亲属间的财产纠纷。

要是没有钱，自然也就不会有财产纠纷了。大家会惋惜地说：“啊，他是个好人啊。”“他是个洒脱的人啊。”然后一切就结束了。

所以，最好不要给孩子留下太多钱。自己挣钱就自己花。真正应该留给孩子的是生存的智慧，留给孩子一个享受人生、幸福生活的父母的印象，而不是那些没有花出去的钱。

如果能够实现这样的观念重塑，那么世上的高龄者都会开始花钱了吧。而且，当拥有个人金融资产一大半份额的高龄者开始好好地为自己花钱时，消费就会活跃起来，经济也会好转起来。

此外，后面我会进一步详细说明，随着高龄者开始花钱，企业会开发适合他们的汽车、电脑，也会开发住宅产品。企业为了利润，自然会开发满足消费者需求的产品，这样一来，那些适合高龄社会的服务和产品就会更丰富。

所以，上了年纪之后，钱就是用来花的。

归根结底，人在临终之际，能留下的只

有“回忆”。“要是当时多吃些美食就好了”“要是当时进行一次环球旅行就好了”“要是当时用退休金买那辆一直想要的保时捷就好了”……如果有想做的事情，就应该全力去做。

请重塑观念，钱是用来花的，只有花了钱才能获得幸福。

把钱存起来却不用于改善生活，那有钱又有什么用呢？甚至如果存钱本身成了目的，反而会成为不幸的根源……希望大家能这样想，重塑你的“金钱观”。

## 缓解养老焦虑

随着年龄的增长，很多人会对年老后的不确定性感到不安，进而产生“必须在饮食、喜好、金钱等方面有所节制，为老年生活做准备”的想法。

但是，我的态度截然不同。我想从70岁开始“随心所欲地生活”。而这恰恰也是保持年轻心态、不让大脑反应变迟钝的秘诀。

那么，日本人为什么会对“老年生活”抱有如此强烈的不安呢？我一直认为其中一个原因是，日本人是世界上少有的“很焦虑的人群”。

很多人会对未来感到强烈的不安，总想“要是变成这样该怎么办？”“要是发生这种事该怎么办？”然而，他们只是焦虑，很少有人能进一步思考“当那样的情况真的发生时，到底能够采取怎样的对策”。

重要的是，要切实地考虑当事情真的发生时的具体应对措施。

比如说，如果对“将来自己得了癌症该怎么办”感到焦虑，那就应该事先调查并考虑好，万一得了癌症，去哪家医院、找哪位医生接受治疗，选择哪种治疗方法，治疗费用是多少，以及在最坏的情况下希望采取怎样的处置措施。这样一来，对癌症的焦虑或许就会减轻。

金钱也好，健康也罢，都是同样的道理。因为一直把焦虑闷在心里，所以才会本能地选择那种压抑自己的生活方式。

反过来说，减轻了焦虑，就能随心所欲地生活。不要只是盲目地焦虑，而是要切实地考虑具体的应对措施来减轻焦虑。请先尝试按照下面的内容来重塑观念吧。

## “70后”，当随心而活

在“新冠”流行之际，大家都在讨论感染病毒的人和未感染病毒的人之间的差异。其中一个被提及的因素就是“免疫力”。

免疫力不仅对抵抗新冠病毒有效，免疫力高的人对其他疾病和压力等也有更强的抵抗力，能更健康地生活。即使不幸感染病毒，通常症状也会比较轻。从众多研究结果来看，这一点是毋庸置疑的。那么，如何才能提高免疫力呢？那就是尽可能地消除压力，“尽情地享受人生”。压力越大的人，免疫力就会越低，所以尽量不做自己不喜欢的事，优先去做让自己开心的事。这应该成为从70岁开始的人生的指导方针。

很多日本人认为“节制和忍耐是美德”，从而过度限制自己的欲望和娱乐。在年轻时，这样做或许确实有积极的一面，通过自律严格要求自己，有可能在工作上取得很好的成长。或者，这样的态度也有可能会受到周围的人，尤其是地位较高的人的认可。

然而，到了70岁，节制和忍耐大多数时候就会带来负面影响。克制自己做想做的事情，压力一大，最终可能会患上抑郁症，甚至连免疫力也会下降，那就得不偿失了。

在老年医疗的临床一线，我始终提倡“‘70后’，当随心而活”。不要因为健康检查的数值而克制自己吃想吃的东西的欲望，转换一下思维，想吃什么就吃什么吧。如果不吃自己想吃的东西，压力就会积累，免疫力也会降低。对于吸烟和喝酒也是同样的道理。

吸烟确实会增加患肺癌的风险，但是对于那些到70岁都没有患上肺癌的人来说，70岁之后吸烟与否，肺癌风险差异能有多大呢？实际上，在我工作的浴风会医院附属的养老院里，吸烟者和非吸烟者的生存曲线并没有差异。

反而通过吸烟来释放压力，尽情享受人生，或许还能降低患癌的风险。因此，观念重塑是很重要的。

有些事情以前在职场打拼时不得不忍耐，但是过了70岁就不必在意了。“随心而活”才是健康的秘诀，这一点也不为过。

## 高龄者，要健康玩乐，舍得花钱

上了年纪之后，“为了健康而玩乐”“为了健康而花钱”的意义非常重大。

在日本，人们普遍认为高龄者就该朴素地生活，所以稍有不慎，高龄者就很容易遭到诸如“拿着养老金去唱卡拉OK像什么样子”“靠养老金生活的人竟然去玩弹珠机，真是不像话”之类的指责。然而，外出玩乐，大脑的前额叶会受到刺激。而且，享受玩乐的过程也能对免疫功能产生良好的影响。

所以，倒不如说“高龄者应该更多地去玩乐”才对。

要预防情感的老化，年纪越大，就越需要强烈的刺激。

这是因为，随着大脑的老化，人对微弱

的刺激变得难以做出反应，再加上日积月累的人生经验，一般的小事已经很难触动内心。

好在凭借工作中积累的经验，高龄者能够预判事情的发展，所以能顺利地处理各种事务。虽然失败减少是好事，但生活本身也就没那么多乐趣了。当能够预判事情的走向时，不仅会失去刺激感，就连兴趣和关注也会逐渐消退。正因如此，高龄者更应该有意识地去进行能给自己带来强烈刺激的娱乐活动。

而且，上了年纪的人为了获得强烈的刺激，往往需要进行一些花费较多的娱乐活动。

除了那些特别喜欢喝酒，觉得只要是酒能喝就行的人之外，到了70岁，大多数人的饮酒习惯应该都发生了变化。年轻时，去花费3000日元的居酒屋就心满意足了，但随着年龄的增长，即便喝得不多，也会想品尝更好的酒，想吃更高级的料理，这种想法应该更强烈了吧。

既然如此，我觉得与其一个月去三次花费3000日元的居酒屋，不如改成去一次花费1万日元的日式小餐馆。

上了年纪之后，应该不会再像年轻时那样频繁地出去喝酒了。如果只是偶尔去一次，那就把以前三次的花费集中起来，选一家更高级的店。越满足，对大脑的刺激就越大，这一点是毋庸置疑的。

我想，工作时，很多人会用公司的经费在银座进行商务宴请，或者去打高尔夫球。那么，退休之后，不妨自己掏钱去银座消费，或者去打打高尔夫球，您觉得如何呢？当然，这会花一些钱，但恰恰只有自己掏钱去玩乐，才能受到强烈的刺激，才能真正享受到乐趣。

旅行也是如此，不再选择那些常去的地方，不再图便宜跟团游，而是多花一些钱去充满刺激的地方。观看戏剧或体育比赛也是一样，不选择以前常选择的座位，而是选择高一级的座位，这样就更能让自己感动。

对于那些觉得已经远离“江湖”的高龄者来说，追求质量而非数量，不仅能获得满足感，还能拥有更富足的心情，满足自我认同感。

当自我认同感得到满足时，自然而然就会被幸福感包围。这也有助于提高免疫功能。

通过玩乐和花钱，不仅可以延缓大脑的衰老，还能提高免疫功能，降低患上传染病和癌症的风险。

## 高龄者，当下的消费者

如今的日本经济，最薄弱的环节当属“消费”。因为工资水平低，大家都不买东西。再加上通货膨胀导致物价上涨，根本就无法享受奢侈的消费。所以，无论生产出多少商品，都卖不出去。由于企业无法获得更多利润，经济也就难以好转。这就是日本经济的现状。要想打破这种局面，消费无疑是关键所在。而我认为，掌握着这把关键钥匙的就是高龄者。

在由“团块世代”（译者注：日本在1947年到1949年出生的一代人，是“二战”后日本出现的第一次婴儿潮人口）支撑的经济高速增长时期，他们的消费能力也非常强劲。他们不仅在家电、汽车、住房、服装等方面大量消费，在饮食和休闲娱乐上也投入了不少资金。毕竟，这是一个人数空前庞大的年龄层。随着这个群体的成员结婚成家，家庭规模扩大，消费能力更是得到了极大的提升。

为了满足市场需求，生产规模也随之扩大，而“团块世代”正是生产一线的主力军。经济繁荣自然是水到渠成的事情，结果就是工资稳步增长，人们可以安心地贷款买车、买房。

所以，让我们重新回到过去那种消费模式吧。

当我这样向高龄者提议时，很多人会哀叹道："可是，我现在已经不工作了。"然后就想要抑制消费。然而，重要的是要认识到"即使不工作，70岁以上的人依然是优质的消费者"。

虽然现在的高龄者不像过去那样大肆购物、享受美食和娱乐，但他们作为消费者的身份并没有改变。在这个必须扩大消费而非生产的时代，他们正是支撑着日本日渐萎缩的消费市场的"现役消费者"，完全有理由为此感到自豪。

无论是依靠养老金生活，还是靠低保维生，他们作为"现役消费者"的身份都是一样的。我认为，高龄者没有必要活得畏首畏尾！

如果社会能够认识到高龄者是"优质的消费者"，那么他们的生活将会变得更加美好。

比如说，我想大家早就觉得“电视节目很无聊”了吧。电视台拼命制作面向年轻人的节目，然而年青一代早已抛弃电视这种媒体，他们更热衷于视频流媒体平台和各种社交平台。如果赞助商能够认识到高龄者也是消费者，那么电视台就会更多地制作面向他们的节目，而不是那些制作出来却没有观众收看的面向年轻人的节目。这样一来，高龄者看电视时就会有更多的乐趣。

我所写的书也是如此。曾经，人们存在一种偏见，认为“高龄者不读书”，所以即便我提出针对高龄者的出版企划，也得不到出版社的积极回应。然而，现在情况又如何呢？我的“老年书籍”在书店里占据了相当大的地方。而且，认真阅读这些书籍的正是六七十岁、八九十岁的读者。

这个年龄段的人都很有活力，充满了

求知欲。出版社了解到这一情况后，纷纷邀请我“写一些面向高龄者的书”，让我应接不暇。

普通的商品和服务也是同样的道理。只是供给方还没有意识到老年市场存在巨大的需求。正因如此，作为“现役消费者”的“幸龄者”们请积极行动起来，发出自己的声音，这样就能让社会变得更加美好，让高龄者的生活越来越愉快。

## 要敢于对社会发声

另一件重要的事情是，高龄者是社会所需要的。

这是因为，无论处于七八十岁还是八九十岁，他们依然是构成现代公民社会的优秀公民，这一点并没有改变。

在公民社会中，主权在于公民，他们是

社会的主角。

“应该改变现在这种有钱人享受优待的税制。”“大企业获利而中小企业沦为牺牲品，这是不合理的。”“电视台听任企业的摆布。”“停止对高龄者毫无根据的诋毁。”……明确指出不合理的地方并加以改正，这才是健全的公民社会该有的样子。

当然，高龄者也有诸多不满和疑问。

例如，截至2021年4月，保育所等待入园儿童数量已经减少到了5634人（当然，这本身是非常好的事情），而特别养护老人院（特养）等待入住的高龄者却有22万人（截至2019年12月），而且丝毫没有减少的迹象。另外，医疗费的自付比例从10%提高到了20%，加重了高龄者的负担。

在地方，公共交通线路不断被取消。全国各地都在合并、撤销公立医院。遗憾的是，车站前等城市中心区域变成了“卷帘门大街”，店铺纷纷关门，取而代之的是郊外不断兴建的购物中心，但结果是日常购物变得非常不便。即便如此，警察和政府还打算取消高龄者的驾照。

对于各种各样的现实情况，高龄者同样有权利对政治和行政的现状表达反对意见、投反对票。

如果此时此刻，高龄者不明确地表达“不合理的事情就是不合理”，那么随着老龄化的加剧，日本社会将变得越来越难以生存。

## 高龄消费力提振日本经济

“终身现役”这个词，往往被用来表示仍然在职的劳动者。但我认为，高龄者更应该意识到自己是“现役消费者”这一点。“终身现役”不仅意味着终身工作，也包含了“终身是现役消费者”的意思。

资本主义社会是“顾客就是上帝”的社

会。通过消费，人们可以享受到更好的服务。也就是说，如果企业能够认识到“现役消费者是善于消费的优质顾客”，那么作为“上帝”的高龄者的诉求就应该得到关注。如果大多数高龄者在消费娱乐的同时，提出“我想要这样的东西”“要是有这样的东西我就会买”之类的诉求，那么针对高龄者的商品和服务就会被开发出来，此前一直较少的老年市场相关商业活动也会变得活跃起来。高龄者尽情消费，消费就会扩大，经济也会随之运转起来，这对整个日本经济形势也是有益的。

遗憾的是，近年来，高龄者引发的交通事故频频见诸报端。那些在事故中丧生和受重伤的人，实在是令人痛心不已。

但是，不能因此就采取“高龄者必须取消驾照”这种“一刀切”的做法，我更希望能朝着“开发出高龄者也能安全驾驶的汽车”这个方向努力。汽车厂商如果能认识到“高龄者是重要的消费者”，就应该改进生产出不会出现误踩油门和刹车情况的汽车（辅助汽车），并使其广泛普及。在此基础上，进一步研发自动驾驶汽车。我认为应该朝着这样的方向发展。

日本已然是世界上老龄化程度非常高的国家。反过来说，其他国家也会相继步入老龄化社会。也就是说，如果日本的制造商能够开发出适合高龄者的优质商品和服务，即使一开始只能在国内销售，最终也会在全球范围内销售，从而在国际市场上占据优势地位。一旦有了适合高龄者的优质商品和服务，就可以出口到国外，这也将有助于挽救濒临困境的日本经济。

遗憾的是，日本的企业家们并没有以如此广阔的视野来推进商品开发。就拿乘坐出租车时看到的广告来说，目前关于数字化转型的广告非常多。大家都在盲目地大力投入数字化转型，却没有意识到开展针对高龄者的创业项目其实更有利润空间。

为了改变他们的观念，高龄者应该展现出自己是优质消费者的一面。也就是说，在购买商品、使用服务的同时，以消费者的身份提出要求。

如果高龄者重塑观念，更合理地消费，就能改变企业经营者的观念，而这对日本经济来说将有巨大的益处。

## “60后”坐拥七成金融资产

日本的个人金融资产已经超过了2000万亿日元。日本是一个经济持续低迷多年的国家，但实际上，按计算，日本国民人均拥有约1600万日元的金融资产。

问题在于，这2000万亿日元中，约70%是由65岁以上的人所持有。据说在过去的这些年里，65岁以上人群的资产持有比例已经翻倍。

也就是说，高龄者不仅积攒了大量的钱财，而且这种趋势还在逐年增强。

关于个人金融资产的未来，有一份很有意思的研究报告。

日本大和综合研究所于2021年9月发布了《今后10年的家庭金融资产分布与对下一代金融业务的启示》。

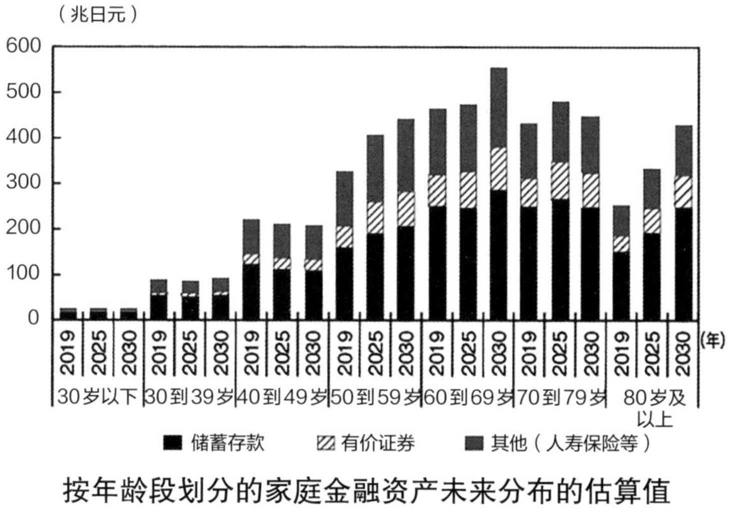


**按年龄段划分的家庭金融资产未来分布的估算值**

资料来源：大和综合研究所:《今后10年的家庭金融资产分布与对下一代金融业务的启示》，2021年9月22日。https://www.dir.co.jp/report/research/capital-mkt/asset/20210922_022544.pdf。

本报告依据户主年龄段，呈现了2019年（数据截至“2019年全国家计构造调查”相关年份）、2025年及2030年家庭金融资产保有状况的估算值。“2025年问题”，即2025年，随着“团块世代”全部步入后高龄阶段（75岁以上），而备受关注。到2030年，“团块世代”将迈入80岁以上高龄。

报告中提及多个要点：第一，后高龄者持有的金融资产将大幅增长。第二，“团块次世代”存在感增强。第三，在少子化进程中，中老年群体存在感降低。

有关详细内容，您可以阅读这份报告，不过简单来说，高龄者的个人金融资产还会继续增加。

很多高龄者在动用存款方面十分谨慎，甚至有人即便削减生活开支也要继续存钱。

我认为，从根本上来说，“老后2000万日元问题”本身并不是一个现实的话题。这是在2019年金融厅金融审议会上提出的一个话题。我具体解释一下内容：假设丈夫65岁，妻子60岁，两人还都能活30年，在这30年期间两人都没有工作，家庭收支每月会出现大约5.5万日元的赤字。“5.5万日元 × 12个月 × 30年 = 1980万日元的赤字”，这个数字就是这么计算出来的。这不完全是纸上谈兵吗？

随着年龄从60多岁、70多岁、80多岁、90多岁逐渐增长，生活所需的费用必然会减少。假定到90岁还一直保持和在职时期相同的支出，这种假设本身就是错误的。我觉得不必完全轻信“老后2000万日元问题”，过度焦虑是没有必要的。

## 守财如命的那些人

大和综合研究所的报告预测2030年80岁以上人群的金融资产将远超400万亿日元。与2019年的数值相比，该年龄段的上升率最高，其增长率远超其他年龄段。

然而，有一个现实情况需要我们考虑。根据2020年的调查，日本男性的平均寿命为81.6岁，女性为87.74岁。也就是说，很多80岁及以上的人，可能还没来得及使用这些金融资产就离世了。但即便如此，他们还是不愿动用资产，固执地认为留下的钱越多就越幸福。因此，我认为首先需要重塑“金钱观”。在我看来，即便到了退休年龄，如果可以的话，还是应该继续工作，最主要的原因是持续工作有益健康。

关于劳动与健康的关系，我们后面再谈，这里先说说金钱。我想强调的是，年轻时候的工作和70岁之后的工作，定位是完全不同的。年轻的时候，人们是为了生活费、养育子女、偿还住房贷款而赚钱。但到了70岁之后，大多数人的子女已经长大成人，住房贷款也可能还清了。

当然，吃饭、水电费等生活费用还是要

支付的，但对于一位高龄者或一对老年夫妇来说，所需的生活费用并不高。有厚生年金（译者注：日本的一种养老保险）的家庭，靠这笔钱或许就能维持生活。

只领取国民年金（译者注：日本的一种基础年金）的人，可能确实需要动用存款，但这类自营职业者通常从年青时就开始为老年生活和意外情况存钱。谨慎的人，在年青时除了参保国民年金，还会参保国民年金基金，或者参加中小企业机构的小规模企业互助基金。也就是说，虽然没有退休金，但他们准备了其他替代的保障。

像这样能用退休金维持生活的人，可以把存款用于兴趣爱好、娱乐等让生活更丰富的事情上。

前面提到了平均寿命，还有一个需要考虑的是健康寿命，它指的是日常生活不受健康问题影响的平均年龄。2019年的调查显示，男性为72.68岁，女性为75.38岁。

当然，个体差异很大，但实际上，大多数人到了80岁之后，就无法随心所欲地“玩乐”了。现实情况是，最多到70岁还能自由玩乐。过了80岁才意识到“糟了，钱留得太多了……”那就为时已晚。即便想花钱，也很难积极行动并合理消费，或者，可能反而会把钱浪费在没有价值的东西上，那样就只剩下后悔了。在这种情况发生之前，为了自己的快乐而花钱是很重要的。

就像在序章中提到的，假设退休金有2000万日元，如果是爱车人士，把这些钱全部花掉去买一辆法拉利或保时捷也不错。“我工作了40年，最后开着最喜欢的跑车兜风”，这样做比到了80岁行动不便时还守着2000万日元，更能让人获得满足感。

## 挣钱就花，劳动才有意义

人到70岁之后继续工作也很重要。从老年医疗专家的立场来看，为了维持健康，也推荐大家工作。

此外，从金钱方面考量，工作也极为关键。

如前所述，实际上很多高龄者的生活费用在年金能够负担的范围内。所以没必要勉强自己去工作。但是，完全不工作的人，很难彻底转变为纯粹的“消费者”。可能会因为没有劳动收入导致金融资产减少而感到不安，或者出于“不劳动者不得食”的观念，因没有劳动收入而对消费产生罪恶感。

这些想法大可抛开。但如果实在在意，那就去工作获得收入吧。

即便到了70岁，也有相当多可以从事的

岗位。

比如护理行业。这个行业长期人手短缺。据厚生劳动省的推算，到2025年日本大约需要243万护理人员，但与2019年度相比，实际上预计缺口32万人。当然，根据专业知识和具体工种，有些需要具备相应资格，但由于人手不足，找工作并不困难。

遗憾的是，人手短缺的原因在于薪资较低。

确实，从在职人群的角度看，会觉得“年薪300万日元难以维持生计”。然而，对于已经完成子女养育和还清房贷，并且还有年金收入的高龄者来说，300万日元这样一笔可观的收入可以说是相当有吸引力的。毕竟这相当于一笔完全可自由支配的零花钱。

而且，有了收入，就会有“底气”。没有了存款减少的担忧，也没有了不劳而获的罪恶感，从而在消费时能拥有更从容的心态。

## 住高级养老院就等于幸福吗?

或许有很多人会这样想：70岁之后也要节省支出，保留高额的金融资产，等到入住昂贵的高级养老院时使用。

虽然每个人体质都不同，但一般来说，过了70岁，人的身体机能会逐渐衰退，会进入需要帮助或护理的状态。70多岁时，需要帮助或护理的比例大概只有6%左右，但到了80多岁，这一比例会达到26%—60%，到了90多岁则会超过70%。

有的老人可能会卧床不起或认知能力衰退，依靠家人护理十分困难。我认为，无论是付费养老院还是特别养护老人院，高龄者都应该提前考虑在合适的时机入住。

那么，该选择入住什么样的养老院呢?

的确，有些昂贵的养老院设施非常出

色。想要在这样完备的设施中度过晚年，也是人之常情。

然而，实际上，当到了卧床不起或无法认知的阶段，真的还需要高级养老院的豪华房间吗？对于无法行动的人来说，这样的房间反而是浪费。要说在这样的地方就能过上与费用相符的幸福生活，我并不这么认为。

自2000年护理保险制度实施以来，养老院的费用有所降低，而服务质量有了很大的提升。在护理保险制度中被称为“护理老人福利设施”的特别养护老人院，可以以较低的费用获得贴心的护理和照料，工作人员也都接受过非常专业的培训。

到了需要入住这类设施的时候，身体已经不能自由活动，也就无须奢侈地花钱。特养属于公共服务，即便是单人房间，每月费用也不会超过20万日元，基本上在养老金可以负担的范围内。高额收费养老院和特养在费用上有很大差别，但所接受的服务又能有多大差别呢？从性价比的角度考虑，不能一概而论地说入住高额收费养老院就一定幸福。

至于为了将来入住昂贵的养老院，而从现在开始在日常生活中节俭的必要性，我表示怀疑。

## 最好在外面吃午餐

现在的高龄者工作的时候，应该都是在工作单位周边的饭馆吃午餐的，我想尤其男性更是如此。

无论是内勤岗位还是销售岗位，临近午休的时候，大家就会想“今天吃点什么呢”。在长达40年甚至更长的时间里，大多数人每天都要面对“午餐吃什么”这个问题。

然而，退休之后，人们往往会选择在家里吃午餐。原因各种各样，比如“在外面吃饭得出门，太麻烦了”“又不工作了，不想在午餐上花钱”“午餐随便吃点家里现有的东西就够了”。但我认为，退休之后反而应该在外面吃午餐。

这是因为，这样能养成出门的习惯。

只要想着“来，今天吃点什么呢”，然后出门，走着走着就会看到各种各样的店铺。一边想着“这家店的拉面也有段时间没吃了”“这家店的炸猪排超乎想象的好吃呢”“偶尔吃点意大利面也不错啊”，一边在商业街逛逛也很有意思。这作为一种运动也刚刚好，而且走一走肚子就会饿，吃午餐的时候也会觉得更有食欲。

此外，白天在城市里走走，真的会有各种各样的发现。那些晚上霓虹灯闪烁的街道，白天走一走也相当有趣。在那些看起来稀奇古怪的酒馆聚集的一条街上，或许会惊讶地发现“原来还有这样的店啊”。仅仅是选择在外面吃午餐，日常生活的活动半径就会远远扩大。在逛街的时候，顺便去书店买本想看的杂志，或者找找美味的咖啡店，也很不错呀。

不管怎么说，这样生活就会变得更有生气。我觉得，根据当天的心情吃想吃的东西这样小小的自由，可不能轻易放弃。

而且，习惯在外面吃饭还有一个好处，就是想吃的料理种类会增多。老夫老妻之间，当为晚餐菜谱发愁的妻子问丈夫“有没有什么想吃的东西?”时，常常得到的回答只是“嗯，没什么特别想吃的”“吃什么都行啦”。这并不是丈夫有所顾虑而不表达意见，而是他实际上真的想不起来有什么想吃的东西。

如果总是只吃妻子做的饭菜或者冰箱里现成的东西，吃饭就会完全变成一种应付，只是有什么就吃什么，一旦被突然问到“有没有什么想吃的东西?”就回答不上来。吃饭这件事，不管是到了80岁，还是90岁，甚至超过100岁，只要活着，不都是一种持续的乐趣吗？能想着“好想尝尝那个”“好想吃这个”，然后肚子咕噜咕噜地叫，这可是身体有活力的证明啊。

在外面吃午餐，即使没有明确目标，只是漫步街头，看看各种店铺的招牌，就可能会突然意识到“好久没吃牛肉烩饭了”，也可能会突然想起来“对了，我以前超喜欢吃饺子的！”也就是说，在外面吃午餐会激发对“美食”的渴望。自然而然地，大脑也会变得活跃起来，会想起已经有一段时间没吃的饭菜，或者一直以来就很喜欢的某道菜，饮食生活也会变得更加丰富。脑海中浮现出好几种想吃的饭菜，仅仅是这样就已经很幸福了，心情也会变得开朗起来。

仅仅是决定在外面吃午餐，情绪就能得到很多释放。所以我认为，花这个钱，绝对不是浪费。

## 美食亦可独享

在电视和网络平台上热播的电视剧《孤独的美食家》，讲述的仅仅只是主人公——一位中年男性，在因工作到访的城市里，于各处的店铺享用午餐的故事。

剧中并没有出现什么特别稀奇古怪或是高档昂贵的菜品。由松重丰先生饰演的自营职业者井之头五郎，因工作外出感到肚子饿了，便去寻找店铺，进店后看着菜单点餐，然后默默地享用美食……剧情就是这样展开的。

五郎看起来真的非常满足，也很幸福。他食欲旺盛，每次都吃得津津有味，将食物吃得精光。

看了这个电视剧，我深切地体会到，即便独自一人，依然可以“享受美食的乐趣”。

年轻时，一个人走进餐厅会让人有些难

为情。无论遇到什么样的店铺，只要发现了想去的店或是想吃的饭菜，就会下意识地想“下次找个人一起”。然而，随着年龄增长，只要心里想着“看起来很好吃啊”“说起来肚子饿了呢”，就可以大胆地走进路过的店铺。

无论是和别人一起，还是和关系好的伙伴一起，吃东西的始终是自己。对食物的味道感到满足，开心地觉得“真好吃”的也是自己。既然如此，一个人吃饭又能怎么样呢？

我写下这些，是因为无论多么恩爱的夫妻，终有一天也会有独自一人的时候。为了应对那总有一天会到来的时刻，希望大家能养成独自享受美食的习惯。

现在可以和伴侣或者朋友一起，享受在外面吃午餐的乐趣。一旦养成了在外面吃午餐的习惯，并且从中获得乐趣，那么从此以后，无论年龄怎么增长，或者即便变成了孤身一人，外出吃午餐也会一直成为一天中

“令人期待的时光”。请试着想象一下，将来自己独自一人时的情景。对于喜欢烹饪的人来说，即便自己做了一桌丰盛的菜肴，可能也会觉得“少了点氛围”。这样的话，可能就只会做些简单的、用现成食材烹制的饭菜了。更何况，那些平时根本就不做饭的人呢。

但是，只要还保留着在外面吃午餐的习惯，独自用餐的乐趣就会一直存在。也不用担心会出现蛋白质、维生素等营养摄入不足的问题。如果能把在外面吃午餐、独自用餐变成一种乐趣，我想，就能顺利地度过漫长的老年时光，不被孤独所困扰。

## 享受美食也能提升免疫力

然而，当我向高龄者提议“去外面吃午饭吧”“尽情享受喜欢的美食吧”时，很多人都会说“因为正在节食，没办法这么做”。这是因为，有很多人在意胆固醇值、血压值、尿酸值等指标，忍着不吃而已。当然，如果身患重病，确实必须有所节制，那么忍耐是必要的。但是，如果仅仅是因为“胆固醇值有点高”之类的理由，那就应该重塑一下观念。到了70岁，没必要再压抑自己想吃的欲望。

暴饮暴食对身体不好，但只要饮食适量，尽情享用喜欢的食物或饮品是没有问题的。

人上了年纪，食欲也会下降。而且，似乎有很多人相信吃“粗茶淡饭”对身体好，并付诸实践。因此，实际上有相当一部分人存在缺乏营养的情况。这对身体是多么不利啊。吃想吃的东西来摄取营养要比克制自己吃喜欢的食物好得多。

另外，对于70多岁的人来说，就算能活到100岁，余生也只剩下大概30年了。是不是也有必要思考一下，在有限的时间里该如何生活呢？

这时，有两个选择。一个是时刻在意血压值、胆固醇值等，在忍耐中度过漫长岁月。另一个是即便寿命可能会缩短几年，但能在享受美食的愉悦中生活。可以思考一下，哪种生活方式更幸福。

## 善用照护金与退休金

正如之前对健康寿命的说明，尽管存在个体差异，但从80岁开始，身体就不太听使唤了。外出游玩的机会急剧减少，食量也会下降，生活费用随之变少。自然而然花钱就少了。

请大家先大致有这么个认识。下面，我简单介绍一下护理保险的机制。

到了65岁，市区町村（译者注：日本的

行政区划）会发放“护理保险被保险人证”。这其实就像是一份证明，证明你一直以来缴纳了护理保险费，仅靠这个证是无法享受护理服务的。

当需要支援或护理时，需要本人或家属带着证明前往政府部门，之后调查员会进行认定调查，主治医生出具意见书，以此来判断是否需要支援或护理。在这一系列流程中，经手的专业人员会提供各种协助。

一旦获得认定，就可以租赁轮椅、护理用床，使用日间服务（日间前往护理设施接受服务）、短期入住（短期在护理设施住宿），还能获得对自家进行无障碍改造的费用援助。个人负担比例在一到三成，其余七到九成由之前缴纳的护理保险费，以及国家和各市区町村出资来承担。

如今在日本，可以毫不夸张地说，只要有护理保险的认定，哪怕卧床不起，在经济方面也几乎无须担忧。因为行动不便后支出会大幅减少，而且很多人靠退休金就能维持生活。

## 80岁前花掉积蓄

到了70岁，大多数人会依靠退休金生活。所以很多人会把退休金全部存起来，以此来积累“养老积蓄”。然而，虽说有“养老积蓄”，但在日本，很多人即便到了老年也几乎不动用这笔钱，只是一味地过着节俭的生活，能不花就不花。

只有国民年金，即便满额每月也只有6.625万日元（2023年）国民年金的人另当别论，单就上班族家庭来说，很多家庭靠厚生年金加上企业年金，每月能拿到30万日元左右的退休金。这意味着，在这样的年金覆盖范围内，维持日常生活开销是绰绰有余的。

既然如此，不仅可以动用“养老积蓄”，

还能够从存款中拿出一部分，在生活上稍微奢侈一下。现实中，太多人把哪怕动用一元钱都视作一种罪过……我想这样的人实在太多了吧。

如前所述，在不久的将来，即便要入住收费养老院，因为有护理保险，入住成本相较于过去也已经大幅降低。更何况如果是特别养护老人院，同样因为有护理保险，即便卧床不起或者患上重度认知障碍，也不会花费太多钱。也就是说，如果老人们在头脑尚且清晰、身体还能行动自如的时候不使用自己的积蓄，那么这些辛辛苦苦积攒下来的钱财，最终很可能只是被子女拿走。

我们所处的时代，花越多的钱，幸福感就越高，而且也会被周围的人重视。

70多岁去旅行、品尝美食，或者在健康、抗衰老、社交方面进行投入，这样不仅能延缓衰老，幸福感也会提升。还有，给孙子、孙女零花钱，或者帮助子女偿还房贷，这样就会被晚辈重视。然而，很多人却在该花钱的时候抠抠搜搜。这些行为可不是一句“太浪费了”就能说得过去的。

## 房产变现也是养老筹资之道

话虽如此，在现实中，仅靠退休金维持生活确实有难度，而且，也会有人反驳说，自己本来就没多少存款，所以尽可能不动用积蓄。

即便面临这样的经济困境，如果有住房，也有一种方法，即通过房产变现来筹备养老资金。日本国土交通省的《令和3年度住宅市场动向调查报告书》显示，首次购房的家庭中，“30岁以上”的人数量最多，而进行两次及以上购房的家庭中，“60岁以上”的占比最高。

本书的读者中有住房的人，除了从父母

那里继承房产的，最初购置房产的时候应该是在30多岁吧。无论是公寓还是独栋住宅，主要应该是为了结婚生子后能和家人一起安稳生活而购买的家庭型3LDK（三室一厅一厨）或4LDK（四室一厅一厨）户型。

在和子女一起生活的时期，房间多或许是必要的。但当子女独立后，仅夫妻二人居住，难道不会觉得房子“太大了”吗？

虽说时间充裕，但打扫4LDK的房子也是一项大工程。即便有些房间不常用，也不愿意因为偷懒而不打扫，让房间变成杂物间。

一方面存在“希望缩小自宅规模的老年群体”，另一方面存在“追求能和家人一起放松的家庭型住房的在职群体”。那么，“交换”就能够实现。不妨也考虑一下“房产变现”吧。

习惯了住自己的房子，老后搬出去，用退休金来支付房租，会让人感觉难以接受。

不过，从利用退休金来维持生活的角度考虑，住房反向抵押贷款（译者注：Reverse Mortgage，即把房产抵押给金融机构，定期获取现金，去世后房产归金融机构所有）这种制度值得探讨。从某种意义上来说，这就像是在去世时进行结算（一次性结清，类似于卖掉房产），然后将所得的钱用于自家居住等生活开销。

此外，在日本，还有一种制度能让人们从退休金中支取比以往更多的钱来维持生活，在国外也有类似的制度可供使用，这样人们就可以在有生之年一直住在自己的房子里，并且每月都有收入来维持生活。有房产的人可以考虑一下这些制度。

第二章

# 重塑“亲子观”

## 改变对待孩子的思维方式

在随着年龄增长需要进行观念重塑的诸多主题中，我认为“子女”这一主题是尤其应该付诸行动去改变的。

我常觉得日本人在对待子女的态度上“有些令人费解”。体现在无论子女多大了，父母始终把他们当作孩子对待。有一种现象叫“8050问题”，指的是高龄的父母和蛰居在家的子女组成的家庭。父母已经80岁了，却仍不得不照顾50岁在家的子女，简直是一场悲剧。

即便子女没有蛰居在家，也有很多人终身未婚。例如，到50岁前，没结过婚的人所占的比例被称为“终身未婚率”，男性的终身未婚率竟高达28.3%（2020年数据），有三成人一生未婚。

倘若他们能自己独立生活，倒也无妨。但很多家庭中，子女一直住在父母家，甚至辞去工作，使得父母不得不一直照顾他们。

在这种情形下，父母产生担忧：“我必须为孩子的未来做好打算，即便我离去，也不能让他们陷入困境。”就像我们在第一章中所述，实际上，年龄越大，越会发现那些“会花钱享受生活的人”往往更幸福。然而，想给孩子留钱，自己不敢花钱的高龄者人数之多远超我们的想象。

与之相反，也有一些高龄者完全依赖子女，他们会想“我都为孩子付出这么多了，老了就该让孩子照顾我”。因为亲子关系，子女也会承担起照顾父母的责任。

特别是那些选择把父母接回家中进行居家护理的子女，有很多人为此辞去了工作。在职的子女本应该为自己的生活费用和老年生活存钱，但不得不因为将照顾父母置于首位而选择辞职。

当照顾者和被照顾者的年龄均超过65岁，这种情况被称为“老老介护”，如果都在75岁以上则被称为“超老老介护”。这种长期的照顾过程可能会一直持续到超高龄的阶段。而因此导致照顾者身体垮掉、心理出现问题的情况，也有相当高的比例。如果父母、子女都因此变得不幸，那可真是得不偿失。

## 试着离开子女

孩子确实十分可爱。

他们固然可爱，但要是始终觉得“必须照顾孩子一辈子”“必须给孩子留下财产”，或者反过来“晚年就该让孩子照顾自己”“为了让孩子照顾，一定不能让他们讨厌自己……”就会让自己的人生围绕着孩子，最终可能导致父母、子女双方都陷入不幸的结局。

为了拥有无悔的人生，从积极意义上实现“与子女分离”，父母为自己的幸福考虑并付诸行动，我认为这一点至关重要。

在对待孩子的问题上，父母要更清晰地认识到“孩子是孩子，自己是自己”。今后，这个问题会越发重要。而且，请把自己的钱花在让自己幸福这件事上。

退一步讲，即便孩子找不到稳定工作，或者患上抑郁症等，原则上来说，本就该由社会福利体系来提供照顾。毕竟作为纳税人，长期缴纳了税款，社会理应构建起相应的保障网络，所以父母不必过度大包大揽。我觉得大家应该清楚这一点。

这样做最终会引导孩子独立，从长远来看，也有助于降低让孩子陷入“老老介护”从而导致“亲子双双垮掉”的风险。

## 摒弃“把财产留给孩子”的执念

如我们所见，日本高龄者不愿花钱的原因之一，是他们内心强烈地想“把财产留给孩子”。其结果是，巨额的储蓄未能流入社会，只是被不断积攒起来。

日本政府打算将消费税用于日益膨胀的保障费用，还在计划提高消费税税率。不过，我有个更好的主意，不如干脆把遗产税税率提高到100%吧。

将高龄者积攒的钱财都作为税金征收。这样一来，国家税收增加了，就能减轻年轻人的负担。而且，当高龄者知道即使存钱也无法留给子女后，就会积极地去消费，预计这将产生巨大的经济效应。

如今，把财产留给孩子理所当然，子女们也认为继承遗产天经地义。例如，丧偶的高龄者开始新恋情，打算与新伴侣再婚时，觊觎遗产的子女就会反对。类似这种“富人悖论”的事情在各地都有发生。

我认为，这种“把财产留给孩子”的“文化”销声匿迹了才好。

## 从“成年监护制度”到“遗产纠纷”

我不是指责已经去世的高龄者的子女，但“成年监护”这一制度，由于涉及钱财，确实会引发诸多麻烦。

该制度是指，当高龄者因患认知障碍等原因，被认定为不具备判断能力时，由监护人代替其管理个人财产。其主要目的在于避免判断能力欠佳的高龄者购买高价商品，或是遭受诈骗。

自2000年该制度确立以来，使用这一制度的人数持续增加，到2020年，约有23.2万人在使用。

那么谁来担任监护人呢？有两种制度：一是高龄者在具备认知能力时，自行选择成年监护人的“任意监护”；二是在被判定认知能力不足后，由家庭法院选定监护人的“法定监护”。在法定监护的情况下，如果高龄者有亲属，通常会从亲属中选出监护人。

然而，这样选出的成年监护人，非但没有守护好高龄者的钱财，反而可能擅自挪用，一旦被发现就会引发问题。归根结底，这也是因为高龄者在患上认知障碍之前，一直存钱而不用于自身消费。

此外，子女因遗产问题发生争执的情况也屡见不鲜。本想着为子女好，给他们留下大笔钱财，结果却导致兄弟姐妹关系恶化，反倒让子女陷入不幸。

也有人会想，自己死后要举办一场体面的葬礼，或是修建一座气派的坟墓。但实际上，人死后的事情自己根本无法做主。

如今少子化社会持续发展，几十年、上百年后，自己的子孙是否还存活于世都未可知。不管坟墓修得多么气派，很遗憾，很多最终也会成为无人祭扫的孤坟。

即便为子女留下大量钱财，也未必能带来好的结果。

那么，不妨考虑向自己的小学、中学母校，或者自己的出生地、长期居住的地区捐款，设立以自己名字命名的奖学金等。这样做会更受人感激，也能留下自己的名字。

我认为，进行这样的观念重塑会更好。

## 不把重心放在孩子身上

由于存钱不花而与子女关系恶化的案例也屡见不鲜。每个人都会设想自己到了需要照顾的阶段，子女能来照顾自己，这是人之常情。然而，这并不一定能带来好的结果。

有多个子女的父母，有人会说“我想把财产留给照顾我的子女”。但实际上，子女照顾父母并非因为有财产可留，而是出于亲子间的感情。

从现实来看，假设有两个子女，一个悉心照顾父母，另一个完全不赡养，从日本的法律上讲，两人有平等的继承权。即便在正式遗嘱中写明“所有财产由 × × 继承”，法律也规定了有特留份（编者注：指法律规定的被继承人必须为特定继承人保留的遗产份额），这就导致经常会出现子女一方申请遗嘱无效，进而兄弟姐妹对簿公堂的局面。

如果高龄者是出于为自己晚年护理做准备的目的而积累财产，那么，我建议考虑雇用专业的护工。由于个人资产情况各不相同，不好一概而论，但是相较于把财产留给子女，将希望寄托在子女身上的选择，接受专业护工的服务并支付报酬，似乎更为合理。

我认为，与其把希望寄托在子女身上，还不如选择完全不用操心的社会化服务。

丧偶或者中年离婚的高龄者，重新恋爱的情况并不少见。当他们打算与新伴侣再婚时，在如今这个时代，子女们大多会给予广泛的祝福。

然而，要是这位高龄者恰好有财产，就会有很多子女开始反对，他们会说“那个人肯定是冲着财产来的”“爸爸会不幸福的”。就我所听闻，“因为子女反对而放弃结婚”的事情相当常见。在想要开启晚年新生活的时候，过分在意子女的意见，就无法获得幸福。

在欧美，虽然并非人人都能像希腊船王奥纳西斯（译者注：传奇人物，以风流出名，曾与美国前总统夫人杰奎琳·肯尼迪结婚）那样，但有很多人，即便年事已高，也不会在意子女的看法，堂堂正正地坚守爱情选择再婚。

我认为应该摒弃因为害怕与子女断绝关系而不再婚的想法，不想切断与子女的联系这种想法，和想给子女留下大量钱财的想法是一样的。

## 不怕给孩子添麻烦

高龄者出于“不想给子女添麻烦”的想法，会尽可能多地留下财产，甚至放弃与心仪之人再婚。有的人拒绝接受子女的护理，还有人因想给子女留财产而拒绝入住养老院，最终孤独离世。

不过，我想问各位读者，从根本上来说，患有认知障碍或卧床不起的高龄者“给他人添麻烦”，真的有那么糟糕吗？我完全不这么认为。

以提出“自体心理学”而闻名的海因

茨·科胡特，以及日本的土居健郎等精神分析学者认为，人类本质上是具有依赖性的生物，能够巧妙地依赖他人，反而是人类的一种进化。

例如，假设有人正在用餐，突然想喝啤酒，但手边却没有。这时，能坦率地希望“要是有人能给我的杯子里倒上啤酒就好了”，并且期待“肯定会有人帮我倒”。土居健郎等学者认为，这正是人类在生存过程中极为重要的能力。

而且，根据科胡特的观点，在某人将另一人作为依赖对象的关系中，不仅是依赖的一方，被依赖的一方也能通过自爱得到满足，从而形成一种相互给予和索取的相互依存关系。

比如，在学习优秀的A同学给同班学习较差的B同学看笔记的过程中，从第三者的视角看，似乎是B同学单方面依赖A同学，但在这两人的关系中，实际上A同学也能从

B同学那里得到“你人真好啊”这样的夸赞，从而满足了自己的自爱心理。所以可以认为这是一种良好的相互给予和索取的关系。

总之，没有人会因为被依赖而不开心，所以遇到困难的时候，哭着求助也无妨。

从科胡特的观点来看，需要照顾的高龄者依赖他人、给他人添麻烦，完全不是什么坏事，甚至可以认为，通过给对方带来一些小麻烦，也给对方施予了恩惠。

## 不纠结做不到的事

同样的道理也适用于父母与子女。

如果高龄的父母陷入孤独离世的境地，那么子女在其后的人生中，很可能会一直被罪恶感所折磨。

过去常说“子欲养而亲不待”，如今则

是“子欲养，亲亦待”的时代。按照科胡特式的思考方式，在艰难时刻依赖子女并非添麻烦，相反，适度地给子女添些麻烦，恰好能满足他们的尽孝之心。

明确知道自己能做什么、不能做什么之后，对于做不到的事情，秉持“做不到也实属正常”的想法，或者抱有“依赖他人也是一种相互给予与索取”的观念，这是安享高龄生活所必需的。在一定程度上，“借贷”的观念也是必要的。例如，即便年金很少，需要接受生活保障，也可以这样想：“这是在拿回我一直以来缴纳的税金。”

对于子女而言，父母有“养育之恩”这笔“贷”，所以让他们照顾一下父母、给他们添些麻烦，以此来让子女“偿还”，这并不过分。不妨试着这样去思考。我认为，这样的观念转变能够提升心理的健康程度。

这并不是采取一种受恩而傲慢的态度，而是通过让内心得到满足，能够舒适地生活，进而对周围的人也变得更加友善。从高龄者转变为“幸龄者”，幸福的光环就会在这个人的周围不断扩大。

对于这种能带来些许改变的思维转换，尝试接纳它，有百利而无一害。

© Ruslan Huzau/shutterstock

# 第三章

# 重塑“夫妻观”

## 改变夫妻相处方式

随着年龄增长，在需要重塑观念的诸多事项中，“夫妻相处模式”便是其中之一。

我们常听到“中年离婚”这个说法。虽说叫中年，但在我看来，最近“高龄离婚”这一表述似乎更贴合实际情况。因为感觉与40到50岁相比，丈夫到了退休年龄，或者开始领取退休金之后离婚的情况更多。

出现这种现象的原因有好几个。首先，法律有所变动，离婚后夫妻的退休金可以进行分割。如今，妻子离婚后能获得厚生年金加上基础退休金一半的金额，这使得她们在一定程度上能够维持生活。

财产分配方面也大多得到支持，卖掉共

同的房子，将财产一分为二。

再者，与过去相比，超过60岁的女性可选择的工作机会也增加了。

由于这些社会变化，女性即便离婚后也能保障基本生活，于是社会上逐渐形成了“没必要一直忍受讨厌的事情……”的观念。

丈夫退休后，子女已经独立，夫妻二人开始共同生活。在此之前，夫妻双方因工作、朋友关系、兴趣爱好等，只是部分时间有所交集，如今却突然要一整天都待在一起，多数情况下，往往是妻子先对此提出不满。结果，导致很多夫妻走向中年离婚。虽说双方都有各自的理由，但归根结底，“一整天都待在一起”这种状态并不太理想。

我在好几本书中都提到过，对于这种情况，我首先推荐“保持距离”。

一整天都待在一起，无论对方是谁，缺

点都会暴露无遗，很容易让人产生厌烦情绪。所以，可以通过刻意减少相处时间，保持若即若离的状态，来改善夫妻关系。实际上，很多家庭这样做之后效果还不错，而且，根据不同情况，有些夫妻甚至会选择“分居”而不是离婚。

## 后半辈子“夫妻间的合拍”最重要

另一种情况是，夫妻真的选择离婚。这相当于对夫妻关系进行“重置”。

一般而言，年轻时结婚，不久就会面临“养育子女”的任务。

或许我的想法有些陈旧，但我始终觉得，在子女还小的时候离婚，孩子实在可怜。关于这一点，大家的看法可能不尽相同。不过，正如“孩子无法选择父母”这句话所说，孩子没有选择父母的权利。既然生下了孩子，夫妻双方就都有认真养育的责任，我对此深信不疑。

从美国的一项调查数据来看，与在关系恶劣的夫妻身边成长相比，父母离婚后分开生活，孩子反而更有可能成为优秀的人。所以，我的想法或许只是一种“执念”……

假设夫妻坚持到孩子参加工作，到了50多岁，或者60多岁时，养育子女的责任就结束了。此时，夫妻双方可以重新审视彼此的关系，思考“今后还能否和睦相处”，并据此决定是否继续维持婚姻。

顺便说一下，我的母亲在70多岁时，因为“不想和这个人葬在同一个墓里”，和父亲离婚了。现实中也存在这样的例子。又或者，从更现实的角度考虑，当夫妻中的一方出现痴呆症状，或者无法行走时，要自问是否能够照顾对方，能否为对方更换尿布等。

再举个更贴近生活的例子，无论是去温泉旅行还是出国旅行，都可以思考一下能否和对方一起愉快地享受旅程。

在二三十岁结婚时，人们往往会从“能否维持生计”“能否生育并养育孩子”等现实“条件”方面去考虑，而不太在意“性格是否相投”这一点。

然而，到了退休年龄，夫妻二人开始单独生活后，就会更加强烈地感受到彼此性格是否相投，是否合得来。在这种情况下，就可能会出现“果然，要一直和这个人在一起，还是有点难……”的想法。

当出现这种情况时，我认为夫妻双方可以给彼此一次重新开始的机会，重新选择下半生的伴侣。并且，第二次结婚时，要依据是否合得来来选择。不是看外貌等因素，而是看是否合得来。我觉得这一点非常重要。

要思考这个人是不是自己想要与之共

度余生的人，和这个人一起去旅行是否会感到快乐，这个人是不是自己愿意照顾的对象……诸如此类。既然人类在历史上首次迎来如此长寿的时代，夫妻的相处模式也必然会发生变化。所以，我认为，从20岁到50岁，再到60岁左右一起生活的伴侣，与之后再一起度过30年左右时光的伴侣有所不同，这也未尝不可。

当然，从年轻时就一直相伴到老，这无疑是非常美好的事情。但并非“必须如此”，也可以存在一种到了一定年纪后，选择与合得来的人相伴余生的夫妻关系。

重新思考一下夫妻关系的本质。我认为这种观念的重塑也是至关重要的。

## 夫妻要各有所乐

夫妻二人在一起生活多年，当养育子女和照顾父母的任务告一段落时，女性终于迎来了属于自己的自由时光。

于是，她们开始频繁地外出活动。在附近有相处融洽的伙伴，昔日的朋友和同学也大多处于相似的人生阶段，大家都有充裕的时间。她们会聚在一起吃饭，或者参加旅行团、兴趣小组以及学习小组等活动。

家务可以按照自己的节奏来做，偶尔在外面吃晚餐，丈夫一般也不会介意。而且，在那个时间段，丈夫通常不在家。也就是说，早上把丈夫从家里送到工作单位后，女性就可以过上无拘无束的生活。

然而，当丈夫完全退休，每天都待在家里时，情况就发生了变化。妻子的不满情绪逐渐增加。尽管妻子心里会有“这么多年，你辛苦了”这样的想法，但之前大部分时间都能按照自己的节奏生活，现在这种状态被打破了，难免心生不悦。

虽然像老一辈那样对妻子发号施令，要求“准备洗澡水”“做饭”的丈夫如今应该不多了，但在60多岁到70多岁的男性中，很多人在家时依然会依赖妻子。他们不熟悉厨房和收纳空间的使用方法，总是会问妻子“那个东西放在哪儿了”“这个东西该怎么用”之类的问题。对妻子来说，每次听到这些问题，心里都会想“真麻烦，自己找不就行了”，从而感到烦躁。

这只是我的想象，对于70多岁之后，感情逐渐平淡的夫妻，人们可能会觉得他们关系稳定，相互体谅，平静地生活。但实际上，他们之间可能经常会有比较激烈的言语交锋，彼此看不顺眼的情况也并不少见。

不过，我觉得这也是有感情的人之间很

自然的一面。

妻子变得善于社交、活泼开朗，而丈夫作为男性，内心依然保留着那份自尊和倔强，所以出现这样的情况也在所难免。

要摆脱夫妻关系变得紧张的风险其实并不难。关键在于丈夫，也就是男性一方，要让自己生活得更加自由。不要过度依赖妻子，不要总是闷在家里，要多出去走走。无论是参加社交活动还是去旅行，去寻找能让自己享受其中的世界。70多岁的年纪仍然可以做到这些。

妻子可以和朋友一起参加团体旅行，丈夫则可以独自去旅行。对于那些想要继续和原来的伴侣维持婚姻生活的夫妻来说，这种各自享受生活的方式，或许是退休后夫妻相处的一种自然状态。

## 摆脱“夫妻同频”的生活方式

或许有人会疑惑：“明明是夫妻却分开旅行吗？”

当然，如果夫妻中有一方在走路能力或健康状况方面存在问题，那么一起出行可能更为合适。然而，若不存在这类问题，分开旅行其实也是个不错的选择。

丈夫有丈夫想去的地方，有自己期待的事；妻子也有妻子向往的去处，有着自己热衷的活动。比如，丈夫可能满心期待去参观国宝级的城堡，而妻子却对城堡毫无兴趣。

既然如此，就完全没有必要非得一起出行。丈夫可以独自或者与志同道合的朋友一同前往城堡；妻子则可以和好友们踏上欣赏美景、聆听音乐、鉴赏绘画、享受美食的旅程。

日常生活中也是如此。

想看电影、看戏剧、去听音乐会。当夫妻双方喜好不同时，也无须一方委屈自己去迁就另一方，各自行动就好。这样彼此都无须顾虑太多。

丈夫去看动作片，妻子去看浪漫爱情片。结束后两人再碰面交流感想，这也会成为一段愉快的时光。

对妻子而言，有个不束缚自己的丈夫；对丈夫来说，有个不干涉自己的妻子，双方都不会再烦躁易怒。结果，夫妻关系或许会变得更加融洽，话题不断。

70多岁的夫妻二人，正处于各自能够享受自由，且身体依旧健康、行动自如的阶段。

他们终于从长久以来背负的诸多责任中解脱出来。我觉得应该尽情享受这份自由，让自己快乐。做任何事都不必非得以夫妻为单位一起行动。

等到了70岁后半段，夫妻中的一方，或者双方都会逐渐衰老。相互扶持、彼此依靠，将成为一种“自然而然的生活方式”。

想要再次回归“以夫妻为单位”的生活，那时再开始也为时不晚。

## 婚姻之道在于保持距离

子女独立后，夫妻双方基本也已退休，这时两人就会整天都待在一起。

如果将这种状态理解为“终于只有两个人的时光了”，并想着一起行动，那么双方都会承受相当大的压力。

2018年，艺人上沼惠美子女士宣称自己因丈夫退休而患上了某种疾病，自此“丈夫厌烦症”这个词变得广为人知。

这是由专门诊治更年期患者的循环内

科医生白藏文信所命名的，指的是丈夫的言行成为妻子的压力，从而引发妻子头晕、失眠、心悸、耳鸣、食欲缺乏、抑郁等各种身心不适的状况。

以往人们认为这种病症是对丈夫恶劣言行的一种反应，但现在普遍了解到，即便没有这类情况，妻子也常常会因为“丈夫的存在本身就是压力”而发病。

为了避免出现这种情况，就像前面所提到的，要避免过多以夫妻为单位的行动，旅行和日常外出可以分开进行。夫妻双方拥有各自的房间，并且不干涉对方在自己房间内的行动，或者晚上分开睡在不同的房间。这些安排肯定是很有必要的。

不一定非要走到离婚那一步，只是不像传统夫妻那样总是一起行动。就像前面说的，我把这种状态称为“距离婚姻”。

通过保持适度的距离，夫妻双方既不会烦躁易怒，精神上又能保持安定，同时也能做到尊重对方。

问题在于，究竟保持多远的距离才合适呢？其实，夫妻双方可以就各自期望的生活方式进行沟通，然后制定出保持一定距离的规则就好。

例如：

购物、做饭、用餐都各自进行。

洗衣服各自负责。

除了外宿之外，出门无须报备。

在外留宿或旅行时，为防万一需提前告知，但不要过多干涉。

规则可以有很多条，制定之后也可以自由地添加、删除或修改。关键是“要双方都认可后再决定”。千万不能以将一方的价值观强加给另一方的方式来制定规则。

通过制定规则，不仅能减少见面的机会，确保物理上的距离，还能营造出适度的心理距离，从而减轻双方的压力。

当内心有了余裕，那些以前说不出口的

"谢谢""对不起"之类的话就会更容易说出口。对对方的敬爱之情也会增强。也就是说，通过保持距离，反而有可能实现"不分离"。

## 保持距离，重启亲密关系

关于"距离婚姻"的规则，夫妻双方相互商量决定即可。并且，如果双方都认可，不妨深入探讨一下"性"方面的问题。

对于高龄者而言，性往往被视为禁忌。普遍存在"年纪大了还这样，老不正经""一把年纪没个正形"的观念，而且高龄者自身或许也因害怕被指责为"老色鬼"等而变得消极对待性。

但我认为，男性想去有漂亮老板娘的小酒馆喝酒、想在夜总会和年轻女性聊天，这是非常自然的。况且，满足性方面的愿望，有助于过上健康的老年生活。

通过与女性交流、亲密接触，增加雄性激素（睾酮）的分泌，这对保持年轻活力很有帮助。

雄性激素减少时，肌肉难以形成，患肌肉减少症以及身体虚弱的风险会增加。同时，还会导致缺乏干劲，记忆力和思考能力下降。而性刺激能够增加雄性激素的分泌，有望减缓这些身体机能的衰退。

当然，对于高龄女性来说，接受性愉悦也是有益的。

虽说一般情况下，相较于直接的两性内容，女性似乎更偏爱虚拟恋爱的内容。对于这类女性来说，寻找自己的“偶像”并从中获得乐趣怎么样呢？也就是所谓的“追星”。

喜欢男性偶像、韩流明星，或者影星的女性有很多。参加演唱会、看电影、观看公演，收集周边产品，参加粉丝聚会等追星活动，能够改善激素平衡，保持年轻活力。

这里所提到的，是涉及消费观念的性愉

悦，并不包含异性之间的恋爱感情。此外，喜欢上某个偶像，因心动而心跳加速，这不仅能防止额叶老化，同时还能增加幸福荷尔蒙——血清素的分泌。

性，是一个很可能动摇婚姻根基的问题。我再强调一次，对于追逐异性偶像，重要的是保持距离，夫妻双方互相理解后再去追星。我要明确强调这一点。不过，在双方达成共识后的追星尺度，每对夫妻可能不尽相同。

## 白头到老不过是幻想

如果觉得保持距离实在困难，那么就像前面提到的那样，不妨思考一下“后半辈子的伴侣”这个问题。

这样说的话，可能听起来好像是在劝人离婚。但并非如此，我只是想强调，对于高龄者来说，重新审视与现在伴侣的关系是很重要的。也就是说，你难道不考虑一下，能和这个人相伴一生吗?

或许有人认为，已经充分经历了人生的夫妻选择离婚，并不是什么好事。但我觉得，中年离婚并非错误的选择。

就像我之前说的，我认为婚姻是有“目的”的。

在所谓的适婚年龄时的第一次婚姻，有着共同的目标，那就是如果有了孩子，就将其抚养长大。夫妻二人是共同养育孩子的伙伴。

幸运的是，当孩子长大成人，离开父母独立生活，夫妻退休后在家独处的时间增多时，他们真的还能继续一起生活下去吗?

比如，夫妻双方是否还想一起去旅行?又或者，是否能够照顾现在的伴侣?进行这样的自问自答，如果觉得“很难做到”，那么就选择离婚吧。

各自走各自的路，这难道不也是一种选择吗？

或许很多人会觉得，一旦离婚一切都完了，再也找不到伴侣了。但在如今这个时代，实际上选择中年离婚的人越来越多。而且，有很多人都在寻找后半生的伴侣。因此，可以说，现在找新伴侣比以前要容易得多。

以前，很多离婚的高龄男性都梦想着能和年轻女性再婚，但现在，感觉更多的人在考虑离婚和再婚时更加现实了。无论男女，很多所谓的离异人士会再婚，一起享受余生。我觉得这样的婚姻关系也挺好的。

# 第四章

# 重塑“医疗健康观”

## 老年生活，与“病”共存

作为一名长期从事老年医疗工作的医生，我真心希望大家能在“疾病”这个问题上转变观念。

或许是日本人太较真了，一旦体检结果中出现一点异常值，他们就会觉得必须恢复到“正常值”，又或者，一旦发现患上某种疾病，就会觉得“必须立刻治愈”。

像“有点高血压”“血糖值有点高”“胆固醇值有点高”等，随着年龄的增长，人或多或少都会存在一些轻微的检查异常，或者患上一些轻微的疾病，这是很正常的现象。我们只能接受这一“理所当然”的情况，学会妥善应对身体的变化。

所以，与“病”共存的思维方式，至关重要。

为了使各项体检数据达到正常值而服用强效药物，结果却因药物的副作用而遭受眩晕感的侵袭，或者整天都浑浑噩噩，这样的情况并不少见。因此，与其一味追求数值上的正常，不如学会与身体的状态和谐相处，避免让身体陷入糟糕的状况。根据身体状况的好坏来做判断和决策。我真心希望大家能更加重视这样的态度。

我认为，这实际上就是成为“幸龄者”的诀窍。

## “百病缠身”的和田秀树

并非自夸，其实我自己就是个“疾病百货店”。如果不控制血压的话，它会飙升到220左右。现在我通过药物将血压控制在170

左右，但我绝对不会想着再把血压降得更低。因为要是血压再降下去，我的头就会晕晕乎乎的。

我的血糖值也是如此，清晨空腹血糖值在11到17，这已经相当高了，但我觉得也没必要再把它降得更低。要是放任不管，血糖值能升到33，所以我的身体状况确实不太好。不过，和血压不同，对于糖尿病，我不太依赖药物，而是通过散步、做深蹲等运动来控制血糖。

我还患有心力衰竭，心脏的泵血功能也下降了。不过，奇怪的是，我服用利尿剂后身体状况就会有所改善，现在一直在服用利尿剂，也没有出现气喘的情况，代价是得频繁跑厕所，但这也没办法。

即便如此，我完全没有想过要通过检查让各项指标恢复到正常值，也不想完全治愈疾病。毕竟，我已经过了60岁，那些是不可能做到的。我已经转变了想法，不再纠结，秉持着“现在感觉精力还不错，这样就挺好的呀”“现在还能好好工作，这不就够了嘛”的心态来生活。仅仅是这样一点改变，就能让我在没有多余精神压力的状态下生活了。

不管怎么说，随着年龄的增长，每个人或多或少都会患上一些疾病。只要不是出现特别严重的症状，就不要强行用药物去压制病情，也不要过分纠结于检查数据。我希望大家能以“自己的身体是否舒适”“能否愉快地生活”为标准来考虑问题。

要是感觉到“难受”或者“痛苦”了，到那个时候再开始吃药也不迟。如果大家能像这样转变观念，就能避免陷入“多药联用”的风险——年纪大了，开了很多药，要是老老实实吃下去，身体状况反而会更差。最重要的是，我相信这样做大家能更愉快地生活。

上了年纪后，请一定要这样去想：努力与疾病共存吧。

## 如何与医生相处？

比起调整与疾病的相处方式，更重要的是重塑与医生相处方式的观念。

我接诊过很多老年患者，在日本，我感觉有非常多的人会认为“必须和医生搞好关系”，或者“要是惹烦了医生可就麻烦了”。

比如，吃了药后发现不适合自己的身体，但却很难说出“想换一种药”。甚至有很多患者因为怕惹医生不高兴，就默默把药扔掉而不吃，又或者，对医生的治疗方案心存疑虑，心里想着“不想做手术”，但又觉得“不接受的话医生会讨厌我吧……”于是就只能听从医生的安排。

前几天，某周刊杂志向我提出采访请求，希望我“教大家如何委婉地拒绝医生的治疗方案，又不让医生生气”。但很遗憾，根本不存在那种不会让医生讨厌的拒绝方法。

尽管想做到委婉拒绝，可大多数医生觉得“自己比患者更厉害”，要是患者对医生说“这种药不适合我”或者“还是不想做手术”，医生就会不高兴。说到底，这是因为医生不懂人性。

此外，最近所有大学的医学部入学考试都有面试环节，通过面试后，很多人会误以为自己“有成为医生的资格（资质）”，深信“自己学习好，为人处世也没问题”，所以到处都是这种“愚蠢的医生”。

## 给医生送礼，对还是错?

此外，直到现在，仍有很多患者在接受手术前会给医生送红包，有的甚至会包上10万日元、20万日元。

我认为，当手术顺利完成时，怀着感谢之意给医生送红包这件事本身并没有错。因为，与私人医生相比，医院的医生报酬要低得多，所以这也可以成为让优秀医生留在医院，并提供优质治疗的一种激励。

然而，我想要指出的问题并不在此，而是患者方面存在这样的担忧："如果在手术前送了红包，医生就会认真对待；但要是不送红包，医生会不会敷衍了事呢……"这种担忧是不应该存在的。在手术前或治疗前，完全没有必要为了"让医生全力以赴，不敷衍"来给医生送红包。

更糟糕的是，医生可能会"看扁"患者，心想"就算手术失败了，这个患者大概也不会起诉我吧"。

那些"看扁"患者的医生，肯定会在某些方面"偷工减料"。因此，患者一定要仔细辨别清楚。相反，如果医生觉得"这个患者要是手术失败，或者因为用药失误出现严重副作用，很可能会起诉我”，那他就会格外小心谨慎。

从这个意义上来说，与其在手术前给医生送钱，不如事先认真做好功课，比如对医生说“有这样的数据，另外还有那样的数据”等，有理有据地向医生指出问题；或者以“我认识很多律师……”这样的口吻跟医生交流，稍微吓唬一下医生，这样医生反而会更加小心谨慎。

现在大多数的医生，从小就是学霸，从初高中一贯制学校毕业后进入大学医学部学习。因此，他们对诉讼风险异常恐惧。对他们来说，看守所简直就是一个超乎想象的“恐怖世界”。

也就是说，不要担心会不受医生待见，相反，成为能让医生有所忌惮的患者才更好。

## 不能让“不喜欢的医生”看扁

也就是说，当遇到那种即便你提出诉求也绝对不会给你换药的医生时，可以这样指出问题：“那种药有确切的医学证据支持吗?”“在日本有进行大规模调查并得出这种药更有效的报告吗?”“这种药好像存在这样的副作用，您难道不考虑一下吗?”同时用手机或其他设备录音并保存下来。

如果在这个时候，医生说“虽然没有证据，但这种药是好药”“虽然不太清楚副作用，但用这个药没问题的”之类的话，那么可以说他很有可能未尽到提醒义务。一定要牢牢记住他的话。

如果患者因为担心惹烦医生而畏缩不前，那就只会被医生看扁。要让医生觉得“这个患者可得小心对待，不然可能会被起诉……”这样事情才更有可能顺利解决。

当然，并不是说，对于那些你觉得合得来、值得信赖的医生，你还要故意去和他吵架。

如果对方是值得信赖的医生，那么他应该会认真倾听你的讲述，然后为你换药，调整治疗方案，还会给你提供各种建议。所以，说到底，只和你认为“好”的医生打交道就行了。要是你觉得某个医生“不行”，那就做好被他讨厌的准备，说出你想说的话。即便这样还是不行，那就转去别的医院。我真心希望大家能有这样的态度。

总之，一定要转变“不能被医生讨厌”的观念。

为了找到值得信赖的医生并接受满意的治疗，我希望大家能认真学习、做好调查。如今已经进入了互联网时代，普通人获取有益信息的能力与过去相比可谓天壤之别。希望大家积极获取信息，成为明智的患者。

## “癌症之国”的“生存之道”

这是我以前在浴风会医院工作时的经历。解剖高龄者的遗体时，会发现很多人身体的某个部位有小肿瘤。我每年会看到100例左右的解剖结果，然而，超过85岁的人，没有一个人体内是完全没有肿瘤的。也就是说，即便不是因癌症而死的人，生前体内也存在肿瘤。

我们身体内的细胞分裂会持续一生。在孩子成长为成年人的过程中，细胞基本上能很好地复制并不断成长。比如，孩子小小的肝脏和肾脏，通过不断地复制细胞，会逐渐变大。

年轻时，细胞能够准确且完好地复制，可遗憾的是，随着年龄的增长，细胞复制时越来越容易出错。

因复制错误而产生的“有缺陷的细胞”，对身体来说属于异物。癌症，就是由这些有缺陷的细胞肆意增殖而引发的。所以，年龄越大，患癌的情况越多也是理所当然的。

很多人应该都知道，在日本，癌症是导致死亡的首要原因。

日本是一个“癌症之国”，每三个人中就有一人因癌症去世。造成这种情况的一个重要因素是人均寿命的延长。因为年龄越大，体内有癌细胞的人就越多，自然因癌症死亡的人数也会增加。

在日本，1981年时癌症成了死亡的首要原因。在发达国家中，日本也是癌症成为死因首位较早的国家。甚至有传言，未来可能每两个人中就有一人会因癌症离世，日本简直就是一个“癌症死亡之国”。

如果不想死于癌症，就需要养成好的生活习惯，避免产生有缺陷的细胞。同时，也要思考如何提高并保持良好的免疫功能。要保持良好的免疫功能，精神健康至关重要，此外，过度摄入胆固醇也会对免疫功能产生不良影响。

如果以日本是“癌症之国”这一前提来考虑的话，传统的健康常识应该会有所改变。毕竟，健康常识本就应该因每个国家多发的疾病不同而有所差异。我们要有这样的认知：“在这个国家，这种疾病比较多发，所以我们应该摄入能避免这类疾病的食物。”

在日本，脚气病曾一度成为“国民病”。

曾经，日本的普通民众除了食用糙米外，还以麦、黍、稗等营养价值高的杂粮为主食，只有少数人才能吃到白米。然而，到了江户时代（译者注：1603—1868年），国家变得富裕起来，奇怪的事情发生了。以到访江户的地方藩国的大名（译者注：日本古时封建领主的称呼）和武士为主，开始不断出现身体不适。但奇怪的是，他们一回到家乡就会立刻恢复健康……

当时人们并不清楚原因，还把这种情况称为“江户烦”，不过到了明治时期，原因查清了。原来是缺乏维生素B1，也就是脚气病。因为在江户人们突然开始以白米为主食，导致从食物中无法摄取到足够的维生素B1。

关于维生素B1，在日俄战争中还发生过悲剧。日本陆军出于对士兵的“关爱”，只让士兵吃白米，结果导致很多人因脚气病死亡。据说当时陆军中患脚气病的士兵多达25万人，其中与脚气病有关的死亡人数超过2.7万人。相反，海军士兵吃的“海军咖喱”中有富含维生素B1的猪肉，几乎没有海军士兵死于脚气病。

现代日本是一个很多人患有骨质疏松症的国度。据说这是因为日本的土壤中钙含量较少，所以水和蔬菜中所含的钙量也很少。

虽说日本人会从鱼类中摄取钙，但还是很容易缺钙。

针对这种情况，我认为养成喝牛奶等习惯，增加钙的摄入量，应该成为健康常识。随着国民病的不同，健康常识也必须改变。像欧美国家“减少肉类摄入，不要摄入过多脂肪”的呼吁，并不适合日本。

## 高龄者抗癌，面临风险

没有人不担心会得癌症。很多人在癌症筛查中发现异常时，就会心情沉重地觉得“终究还是轮到我了……”但对于高龄者来说，癌症是一种常见疾病，这也是事实。

随着年龄的增长，身体内会产生更多有缺陷的细胞。也就是说，即使没有诊断出癌症，上了年纪后，每个人身体的某个部位都可能存在癌细胞。

就四五十岁仍在工作的人来说，我认为如果能早期发现癌症，尽早治疗是有意义的。因为他们还有体力，要是能切除肿瘤，就有可能重返工作岗位，也能像以前一样生活。事实上，这样的例子有很多。

另外，年龄越大，癌症发展的速度就越慢。至少与在40多岁发现的癌症相比，70岁、80岁发现的癌症发展得更慢，这是事实。

而这里最为关键的一点是70岁以上的人如果因癌症接受手术，体质肯定会下降。

日本癌症手术最大的问题在于，对于那些只需切除肿瘤本身的情况，却因担心转移而过度切除。比如是胃癌的话，其实只需切除胃部的癌细胞就行，但却切除了三分之二的胃，或者连周围的消化器官也一并切除。这样一来，患者稍微吃一点东西就会觉得很饱，从而引发营养不良。癌症手术后，患者体质衰弱，会一下子变成体弱多病的老人。

由于身体整体机能下降，患上其他疾病的风险也会增加。即使癌症作为一种疾病被治愈了，患者也很有可能变成一个瘦骨嶙峋、连走路都困难的老人。

那些秉持完美主义“彻底消灭癌症!”的外科医生，完全不顾及患者术后的生活。他们不顾患者的生活质量，大量切除患者的器官。请大家认识到，高龄者接受癌症手术存在缩短寿命的风险。

## 树木希林这样说

2018年，75岁的树木希林（译者注：日本女演员）女士因癌症离世。

众所周知，直到去世前不久，她还在出演电影，也接受了电视和杂志的采访。给人的印象是，她的日常生活一切如常，和以前没有什么两样。

然而，阅读她的采访文章以及在她去世后出版的类似“遗言”的话语时，就能清楚地了解到，她以自己的方式下定决心，勇敢地面对癌症。

希林女士以积极的态度接受了癌症。她的理由是“在死亡来临前有时间做准备，而且就算到了最后，也能在榻榻米上安然离世”。即使癌细胞已经全身转移，也不会令人突然死亡。

有些癌症晚期患者病情恶化后会突然离世，但那真的是到了生命的尽头，在那之前，往往已经过去了数年甚至10年的漫长时光。而且，即便被诊断为晚期癌症，也不会马上就死去。

因此，完全有时间做“死亡准备”。而且如果患者愿意的话，还能回到家中，在榻榻米上离世。“所以这并不是那么糟糕的疾病”，这正是希林女士独特地看待癌症的方式。

还有一个重要的问题，在选择治疗方法

时，希林女士将“不降低生活质量”放在了首位。她选择了“能像往常一样生活、继续工作的同时也能接受治疗的方式”。

癌症的治疗方法有很多种，在这里简单列举“手术”“抗癌药物”“放射治疗”这三种。

对身体造成负担最大的是“手术”。

“抗癌药物”也有各种各样的副作用，会给身体带来相当大的负担。“放射治疗”能精准地作用于癌细胞，相对来说副作用较小，但对于已经转移或体积较大的肿瘤，效果有限。

当然，这样的说明还不够全面，但患者可以和医生充分沟通，明确表达自己想要优先考虑的方面，然后委托能理解自己想法的医生进行治疗。

我想，希林女士在这方面应该也做了很多调查，与医生见面交流，表达了自己的期望。据说，即使癌症已经转移到身体各处，她每年还是会去一趟鹿儿岛的医院接受“放射治疗”。而且每次只照射10分钟，整个疗程似乎持续了一个月。

令人意外的是，她在留下的文字中写道“完全没有那种在与病魔抗争的感觉”。多亏了她自己选择的这种治疗方法，希林女士对“生活质量完全没有下降”感到很满意。

## 做好准备，“70后”与癌症共存

到了70多岁，患癌症的人会逐渐增多。如何应对癌症，是这个年龄段的一个重要主题。最关键的一点是，当发现患癌时，要不要进行手术。

到了70多岁，决定是否进行癌症手术，意味着今后选择什么样的人生。

哪怕身体虚弱，只要能多活一年就行？还是哪怕早几年离世，也要在较长时间内保持健康有活力的状态？这是我们不得不做的一个选择。

这是生活方式的问题，所以不存在哪种选择是绝对正确的。我认为，每个人基于自己的人生观做出的决定就是正确的。

不过话说回来，到了70岁，不管是否患癌，都有必要思考一下“到底想要什么样的晚年生活”，这样在关键时刻才不会慌乱。

当得知自己患癌时，我想大多数人都会受到打击。但如果明白“癌症是随着身体老化而产生的细胞缺陷”，那么接下来就是如何应对它的问题了。简单来说，就是两个选择：一是进行治疗，二是放任不管。

听到选择二，可能有人会摇头说：“难道要一直痛苦到死吗……”

然而，癌症的发展情况并非千篇一律。

常见的情况是，有人仅仅因为“感觉身体不太舒服”“有点疼”之类的原因去医院，结果就查出了癌症，而且实际上已经是晚期。一般来说，肿瘤在长到直径1厘米左右时才能检查出来。在这之前感觉不到什么异常，所以如果在这个阶段发现，就可以算是所谓的早期发现了。

只是，从最初的癌细胞到长到1厘米，通常会经过10年左右。虽然也有例外，但大多数癌症的发展是比较缓慢的。

那么，即便肿瘤只有1厘米大小，是不是尽早切除就会更安心呢？其实也不一定，这正是癌症治疗的难点所在。

## 秉持“与癌症共生”的理念

我长期关注“高龄者癌症”问题，下面谈一谈个人的一些看法。

就像我之前提到的，随着年龄的增长，身体会不断产生像癌细胞这样有缺陷的细胞。而且，上了年纪的人基本上都能在身体某个部位存在癌细胞的情况下，坦然地生活着。有很多人甚至在不知道自己患有癌症的情况下，就因为其他原因离世了。

根据我在浴风会医院的经验，三分之二的人都是如此。

一般来说，七八十岁的人患上癌症，会比中年人发展速度更慢。所以，即使放任不管，最终他们的存活时间也有可能和接受手术治疗的情况差不多。

目前，对于癌症，“早期发现、早期治疗是有效的”这种观念占主流，很多人会认真地去做全身检查和健康体检。确实，我也认为中年人在体检中早发现、早治疗是有意义的。

然而，到了70多岁，就像我前面所说的，早发现、早治疗几乎没有什么意义了。如果没有发现癌症，通常会在4到5年的时间里都感觉不到什么症状，还能保持以往的健康状态。就像我之前说的，对于癌症，也要“与之共存”。

有些高龄者在体检中发现患癌后，接受了手术，结果身体一下子变得很虚弱，因此又患上了其他疾病，或者卧床不起，最终缩短了寿命，这样的情况并不少见。

从这个角度考虑，对于高龄者来说，不发现癌症，“眼不见心不烦”，能安享天年，我认为这是一种“不错的选择”。

## 对待医疗，不做减法，要做加法

我个人秉持这样一种观点：到了一定年龄之后，不仅是癌症筛查，连基本的体检其实也没有必要做。不少人提到过这一观点，或许部分读者早有耳闻。

在日本，依据《劳动安全卫生法》的规定，企业必须为员工安排体检。因此，几乎全体国民都有过体检经历。

如今的许多高龄者，大多属于依据该法律较早一批接受体检的群体。从实际情况来看，这一代人往往非常关注体检结果。当然，不可否认，每个人或多或少都存在一些诸如饮食不规律、生活习惯欠佳等需要改善的问题。话虽如此，但并不是说体检指标出现异常，就必须惊慌失措按照医生说的那样改变生活方式。

作为一名医生，我在30多年的时间里一直专门为高龄患者看病。从我的经验来看，我并不认为接受了体检就能延长寿命。甚至为了在高龄时维持生活质量，不接受体检反而更好。

如果体检真的能延长寿命，那么为什么现在日本的高龄女性平均寿命比男性长呢？如果体检真的有效，那么在职时期，上班族和公务员居多，他们应该都接受过体检，男性的寿命应该比主妇或兼职、没有体检的女性更长才对，但实际的统计数据并非如此。

这很奇怪，不是吗？

现在，询问一些五六十岁身体健康的女性，其中也有人会说自己从出生以来就没有接受过体检。“接受体检就能长寿”这种说法，在某种意义上只不过是一种“执念”而已。

如果体检出现异常值，医生会指导说“要控制 × ×（食物或行为）”。也就是说，要求改变现在的生活方式，减少某些东西的过量摄入。但我认为，到了一定年龄的人不应该做减法。为了晚年也能充满活力、健康地生活，补充所缺乏的东西才是重要的。

奇怪的是，在日本，无论是盐分、血糖值还是胆固醇值，在体检中超过了标准值就会被示警，其他营养物质也是如此。但是很少有人会谈论“缺乏这些造成的危害”。

不过，根据我专门为高龄患者看病的经验，年纪大了之后，稍微多一点比不足要好。年纪越大,“加法医疗”比“减法医疗”越明智。这也可以说是一种观念重塑吧。

高龄者应该思考的,不是检查数据是否正常,而是要多摄入身体缺乏的营养。并且,要预防细胞炎症,防止身体氧化。只要身体机能能够正常运转,这些都不是问题。

## 检查中常被忽略的问题——“在哪里接受治疗”

当经过体检、脑部精密检查、心脏精密检查后,发现异常值时,该去哪里接受治疗呢?这是个重要的问题,最好提前进行调查和思考。

很多人或许认为,无论去哪家医院都应该能接受最妥善的治疗,这个观点大错特错。不同的医生和医院,其治疗方针存在巨大差异。

在医学界，“权威人士的意见优先于科学数据”的旧习至今仍在大行其道。

另外，由于标榜生命至上，医学界无论如何都将保住病患生命放在最优先位置，甚至都不会去考虑患者治疗后的生活质量。

在新冠疫情期间，日本传染病专家的建议也体现了“只要不死就好”的理念。然而，许多响应号召的高龄者，即便没有感染新冠病毒，也遭遇了诸如肌肉力量下降、因孤独感而患上抑郁症等严重的健康问题，饱受折磨。

之前在癌症手术相关内容里也提到过，有时会出现把本不必切除的部位或器官切除掉的情况，结果导致患者术后身体十分虚弱。

有人会觉得“因为害怕癌细胞转移，所以哪怕术后生活质量不高也没关系，希望把所有的部位都切除”。

想必也有人会说：“为了能安享晚年，

希望将治疗对身体的影响降到最低限度。”无论选择哪种治疗方式，都有必要选择尊重患者意愿的医生，或是选择合适的医院接受治疗。

如果期望后者（译者注：将治疗对身体的影响降到最低限度），建议大家提前做好充分的调查。因为实施最小限度切除手术的医生数量并不多，所以当需要手术治疗时，似乎有非常多的人倾向于选择在大学附属医院接受治疗。但我认为，大学附属医院对高龄患者来说并非十分合适，因为大学附属医院的专业分工极为细化，而且专门针对高龄患者的专科医生数量并不多。

人们常常会根据大学的名气来做决定，但在此之前，有必要收集准确的信息。

比如说，顺天堂大学的天野笃医生因担任“日本天皇（今为上皇）的主刀医生”而闻名，所以有人特别希望由他为自己做心脏手术。天野医生是心血管外科医生，其在

2012年于东京大学医学部附属医院为天皇做心绞痛冠状动脉搭桥术。

或许有人因为想让天野医生给自己做心脏手术，就前往东大医院。然而，很有可能会由仅仅在一旁观摩过天皇手术的医生来为自己主刀。如果想让天野医生为自己诊治，就必须前往顺天堂医院。

自己想要接受怎样的治疗，治疗后又想过怎样的生活，在考虑清楚这些之后，思考哪家医院能够满足自己的期望，这也是非常重要的。

## 把选择医生的权利交给患者

在一家住着许多八九十岁高龄者的养老院里，一位医生发现很多人总是摇摇晃晃、神情恍惚。于是，他调查了这些人平时服用的药物。

结果发现，每个老人每天服用的药物数量多得惊人，多得肚子似乎都要被药填满了。而且，这位医生觉得，这些药物并非一旦停用就会立刻引发严重后果，大部分只是为了降低血压、血糖值以及“助眠”。

医生说道：“把这些药全都停了吧。”因为他认为，比起要求八九十岁的高龄者达到正常数值，首先让他们恢复精神才更为重要。

结果，停了药的老人们全都精神好转，充满了活力。据说他们都很高兴，说“很久没有这么神清气爽的感觉了”。

我想，很多人会觉得这简直是无稽之谈。然而，在医疗领域，这并非特别罕见的案例。

实际上，降血压、降血糖的药物有时会引发低血压、低血糖，导致老人走路不稳、摇摇晃晃。

对于本就运动功能和肌肉力量衰退的高龄者来说，药物进一步使他们腿发软、意识模糊，这是很危险的。如果只是躺着还算安全，但躺的时间久了身体会越发衰弱。

这类情况并非只发生在八九十岁的老人身上。

体检结果一旦出现数值异常（超出国家规定的正常数值范围），大多数医生都会不管三七二十一，让病人通过药物将数值恢复正常。他们想到的往往不是治疗，而是“先把数值降下来”。

如果是为了治疗或预防某种疾病而吃药，这还能理解。但人们却陷入了数值就是一切的误区，单纯为了降低数值开始每日服药。

如果很明显是因为服用药物而导致身体状况变差，那么首先要做的就是停药。请明确地告知医生“吃了这种药会精神恍惚”“注意力无法集中”“会头重脚轻”等症状。

因为这根本算不上什么治疗，而且还出

现了服药前没有的不适症状，所以首先停药至关重要。要是有医生对患者的诉求充耳不闻，继续开药，那这样的医生不过是把开药这件事置于患者健康之上罢了。

完全没必要让这样的医生继续进行治疗。患者有权选择医生——这是与医生打交道的一项基本原则。请务必重塑观念。

## 医学，仍在发展

我一直以来都在说到了70岁，没有必要去服用那些并无确切证据表明能让人长寿的药物，也没有必要听从医生的建议去进行癌症手术，而且体检毫无意义，不用去做。

想必有读者会觉得我的观点太偏激了。的确，大多数医生不会这么说。

然而，实际上，并没有人对日本人进行大规模统计调查，没有数据能够证明，控制血压值、血糖值、胆固醇值等指标就能够让人长寿。所以，体检得出的大多数数值，都很难说与疾病存在明确的因果关系。

令人意外的是，即便是当下广为流传的医学常识，也有很多都缺乏明确的数据支撑，我们就该盲目听信这些说法吗?

说到医生，尤其是在大学附属医院里的医生，他们大多数只了解特定器官相关知识，或者只是埋头于研究，几乎没有给高龄患者看病的经验。尽管如此，在日本医疗界，这些人却有着很大的影响力，可以说他们塑造了当下的医疗模式。

我认为，盲目听从这样的医生的话是“愚蠢的行为”。但不可否认，至今仍有很多患者因看重“大学附属医院教授”这一头衔而对其深信不疑，这也是事实。我丝毫没有否定这些患者的意思，归根结底，我觉得病人选择自己愿意相信的医生、医疗方式就好。

我无法保证我的说法就能让人长寿，但同样地，他们所说的那些能让人长寿的方法，也没有证据支持。我是基于多年来诊治大量高龄患者的经验，在阐述一种健康理念。如果两者都没有证据，那么可以肯定的是，我所说的内容要比那些只在研究室做动物实验的医学院教授或多或少更接近临床医学的实际情况。

另外，我们也不能忘记，医学仍处于发展阶段。

我们选择相信“尚不完全清楚”的医学知识是一种方式。既然如此，重塑观念也是一种方式，“优先选择轻松而非痛苦”。也就是说，如果忍受痛苦也未必能长寿，那么在当下的生活中，让生活多一些舒适感，也未尝不可。至少我是这么认为的。

## “70后”，重在“内心”——雄性激素与雌性激素

假设一个二三十岁的人在滑雪时摔倒导致腿部骨折，在医院病床上躺了一个月，出院后不久就能恢复正常行走。但如果是70多岁的人，情况就不一样了。比如，要是之后持续卧床，肌肉力量就会下降，即使骨折愈合，像“站立”“行走”这些日常生活必需的动作也会受到影响，需要他人护理的风险也会大大增加。

像这样，“肌肉减少症”从70岁开始就越发明显。

70岁这个阶段，必须让身体、脑子动起来，但现实是，很多人在70多岁就退休了。一旦停止工作，就没有什么特别的理由去让自己身体、脑子动起来了。

也就是说，从这个时期开始，人必须有意识地养成主动使用大脑、活动身体的习惯。不然的话，大脑功能和运动功能都无法持续得到锻炼，很快就无法生活自理了。

很多高龄者自己也明白这个道理，但实际上能够真正做到“持续运用”的人并不多。

就算心里明白，到了70多岁，也难免“提不起劲头”，这是因为活动水平下降了。而且实际上，这种“提不起劲头”才是衰老过程中最可怕的事情。无论多么想运用大脑功能、活动身体，可就是提不起劲，对任何事情都没有了干劲，也提不起兴趣。因此，见人也觉得麻烦，还会越来越懒惰。

可以说，这种“提不起劲头”在70多岁时会变得尤为明显。

“提不起劲头”主要是由于大脑前额叶的老化以及雄性激素的减少。

关于前额叶的萎缩，正如前面所说，实

际上从40岁就已经开始了，到了70多岁就会全面显现出来。除此之外，对于男性来说，雄性激素的减少会更加明显。雄性激素不仅与性功能有关，还影响到对他人的热情和积极性。

如果这两方面能够像年轻时那样得以维持，就能保持日常的活动水平，延缓衰老，让人保持年轻活力。

对于女性来说，绝经后很多人会因为雄性激素增加而更有活力，但雌性激素会减少，也会带来一些问题。我们知道，雌性激素减少不仅会使皮肤失去光泽，还会导致骨质疏松。

要预防骨质疏松，关键要注意进行适度的运动、多晒太阳、摄入富含维生素D的食物等，这也是常规的做法。

无论男女，性激素都可以通过激素替代疗法从外部进行补充。在欧美，当性激素减少时，接受激素替代疗法已经比较普遍。然而，不知道为什么在日本，这种疗法似乎被看作“违规手段”，很难得到普及。

我认为，日本人无论男女，都应该更多地利用激素替代疗法。如果一段时间总觉得自己“提不起劲头”，不妨来尝试一下。

我自己也在接受雄性激素的补充治疗。在我周围，也有很多人表示接受这种治疗后状态很好。

如果在70多岁时还能有意识地持续运用大脑功能和身体功能，到了八九十岁时，就能够推迟需要他人护理的时间。因此，为了达到这个目的，70多岁的人应该认真思考如何避免“提不起劲头”。

## 经常吃肉，远离“衰老”

为了防止“提不起劲头”，我想推荐一个简单易行的方法，那就是“吃肉”。

上了年纪后，很多人认为少吃肉、以蔬菜为主的饮食对身体有好处，与工作的时候相比，他们似乎每天都在吃相当清淡的食物。但这其实是错误的。或许是因为很多高龄者都相信粗茶淡饭有益健康，据说每5名70岁以上的日本人中就有1人存在蛋白质不足的情况。

虽然都说日本人的饮食习惯越来越西化了，但日本人每天也只吃大约100克的肉，而美国人大约会吃300克。我并不是说要像美国人那样吃那么多肉，但不可否认，日本人的肉摄入量还是远远不够的，而且这种倾向在高龄者身上表现得更为明显。

随着年龄增长，很多因素会影响人的积极性水平，其中之一就是大脑内的神经递质血清素。血清素也被称为“幸福荷尔蒙”，它能给人带来幸福感。在不经意的瞬间，我们有时会产生“啊，好幸福啊”这样的感受，而血清素就是产生这种情感的物质。

血清素会随着年龄的增长逐渐减少，所以年纪越大，积极性就越低，患抑郁症的人也会越多。

不过，因衰老而导致的血清素减少，我们可以通过改善生活习惯来加以应对。

其中最有效的方法就是吃肉。血清素的合成原料是一种名为色氨酸的氨基酸，而肉中就含有大量的色氨酸。多吃肉可以促进血清素的生成，从而起到抑制积极性下降的作用。

此外，肉中还含有大量能够作为雄性激素原料的胆固醇。也就是说，吃肉并大量摄取色氨酸和胆固醇，可以促进血清素和雄性激素的生成，进而提高人的“积极性”。这对于维持活动水平非常有效。

胆固醇一直以来都被视为动脉硬化、中风的罪魁祸首，但对于日本的高龄者来说，它未必是必须极力避免的。

在美国，中风是导致死亡的首要原因，

所以胆固醇被视为有害之物，可以理解。然而，在日本，因癌症去世的人数是因心肌梗死去世人数的数倍，存在这样的疾病结构差异，而且在经济合作与发展组织（OECD）的各个成员国中，日本因心脏病去世的人数也格外少。与其说担心动脉硬化，倒不如说更应该担心因减少胆固醇摄入而导致的雄性激素减少。

如果是真的不喜欢吃肉，或者因为身体状况的问题无法吃肉，那也不必勉强。但如果是为了健康而打算节制饮食、远离肉食的话，我建议从今天开始就改变这种做法。看看日本高龄者的饮食情况，我总是觉得他们就像是自己主动要成为“萎靡老人”一样。

据说，冒险家三浦雄一郎在80多岁时还能吃完500克的牛排，他在70多岁时还成功登顶了珠穆朗玛峰3次。虽然这是个比较特殊的例子，但我认为，即使上了年纪还能保持运动员般的能力，其中一个原因就是他有吃肉的习惯。

## 欲求健康长寿，不必苛责饮食

随着年龄的增长，新陈代谢会变慢，身体往往会变得笨重。与年轻时相比，体重增加，很多人每天连减肥的心思都没有。不过，这种情况到中老年阶段注意一下就够了。除了那些极度肥胖的人之外，高龄者根本没有必要减肥。相反，减肥还会损害健康。

为什么大家都要努力减肥呢？

其中一个原因就在于，数十年前开始盛行的那句“要避免代谢综合征”的口号。“代谢综合征”指的是由于内脏脂肪堆积，容易引发肥胖症、高血压、糖尿病等疾病的状况。从2008年起，有关代谢综合征的特定健康检查以及特定保健指导开始用于临床。

然而，日本针对代谢综合征的对策，只不过是学者和官僚主导的“错误政策”而已，他们完全不了解高龄者医疗一线的情况。统计数据显示，如果严格按照代谢综合征的指导意见减肥，反而会导致缩短寿命的结果。

日本宫城县曾开展过一项针对5万人的大规模调查，结果表明，偏瘦体型的人比稍微胖一点的人平均早6—8年去世。此外，人们发现，微胖的人是最长寿的。

这个调查结果，不也和我们的实际感受相符吗？我们身边那些七八十岁、身体健康的人，丰满型要比偏瘦型的人更多。我多年来一直为高龄者看病，确实，即使上了年纪依然健康有活力的人，大多是那种丰满一些的人。这样的人皮肤也更有光泽，而且很有活力。

相反，偏瘦的人皱纹就会很明显，而且会给人一种比较容易疲倦的印象，这是因为营养不够。

如果勉强减肥，患肌肉减少症和衰弱症的风险也会增加，所以对健康是有害的。

## 适用于日本人的健康法则

为什么学者和官僚会给出错误的指导呢？答案很简单。他们只是采取了“向美国看齐”的态度。

如前所述，美国和日本高龄者的主要死因存在巨大差异。尽管如此，这些政策制定者却直接照搬了以缺血性心脏病为首要死因的美国医学常识作为日本的政策。

与学者和官僚不同，熟知临床一线情况的医生，已经发出了关于高龄者节食减肥存在危险性的警示。比如说，东京都医师会就在其官方网站上，以“从‘代谢综合征对策’转向预防衰弱”为标题，呼吁“老年时期的BMI（译者注：即根据体重和身高的关系来显示个人肥胖程度、表明自身体格的指标），与中年之前有所不同。从营养状况和总死亡率的统计数据来看，稍微高一些的BMI值是比较合适的，这一点已经逐渐明晰。我们应该从‘代谢综合征对策’转变思路，认真思考通过好好进食来维持营养状况的‘预防衰弱’策略”。

到了70多岁，应当注意是否缺乏营养，而不必过度在意是否进食过多。

这并不仅仅是营养价值的问题。吃自己想吃的食物，能够减轻压力，促使幸福荷尔蒙分泌。也就是说，这样可以提升免疫功能。除非因疾病而不得不进行饮食限制，至少到了老年，就不应该进行节食之类的行为了。

## “70后”，并非必须戒烟

要说不少人想要戒掉，却很难戒掉的两大嗜好，那就是烟和酒了。经常听到一些例子，有的人随着年龄的增长为了健康而选择放弃了嗜好，烟和酒就是其中的代表，不过，我的基本观点是“70岁以上的人不必戒烟”。

烟除了致癌之外，还有两大风险。

一个风险是动脉硬化。吸烟者比不吸烟者更容易患心肌梗死和脑梗死。

另一个风险是肺气肿。这是一种破坏肺泡（译者注：进行氧气和二氧化碳交换的部位）功能的疾病。患上肺气肿后呼吸会变得非常痛苦，所以即使是重度烟民，很多时候也会因此戒烟。

如果是70岁以下的人，通过戒烟晚年的

生活质量会提高，所以我想建议他们“最好还是戒掉”。不过，如果是70岁以上的人，情况就不一样了。

如前所述，过去在浴风会的养老院里，我调查了吸烟者和不吸烟者的生存曲线，结果发现65岁后吸烟与否并不明显影响他们的寿命。

为什么会出现这样的现象呢？因吸烟患上癌症或心肌梗死的人，很有可能在去养老院之前就已经去世了。在进入养老院的时候，已经吸了几十年烟却既没有患肺癌也没有患心肌梗死的人，很有可能拥有某种对香烟抵抗力强的基因。

那么，与其事到如今再去节制，不如相信自己身体的强健程度，在不给他人造成困扰的范围内吸烟，这样不是更能愉快地度过自己的余生吗？

除此之外，吸烟也有一些好处。对于吸烟者来说，它的精神安定效果也很高，而且吸烟者之间也会容易打成一片。

我不吸烟，但我觉得如今日本对吸烟者的舆论压力明显太大了，甚至可以说是一种歧视。那些遭受着某种“迫害”的人，每天在吸烟区里宛如一家人，进行着交流。我认为到了高龄之后，更应该珍视这一好处。

虽然会在意健康问题，但如果是非常想吸烟的人，最近也可以选择电子烟或水烟等新的烟草制品。其中有一些产品，只含有可以享受的香味而不含尼古丁和焦油，还有一些可以摄取维生素。虽然这些效果不像普通的烟那样，但在尽可能降低健康风险的前提下，还是可以继续保持吸烟习惯的。

再重复一遍，生活不“将就”，才会促进身心健康，幸福感也才会提升，才能更长寿。

## “70后”，如何喝酒？

嗜好品爱好者会惺惺相惜，喝酒的人也是如此。其中存在着一种文化，也存在着交流，所以，我认为也没有必要戒酒。在70岁以后，人与人之间的联系逐渐变得淡薄，没有必要眼睁睁地放弃这种能够维持联系的娱乐方式。

当然，酒精和香烟中所含的尼古丁一样能让人产生依赖，即使想戒也很难戒掉。随着饮酒量增加，不仅损伤肝功能，还会增加患上严重酒精依赖症的风险。所以，无论是烟还是酒，只要不过量就好。

下面我来告诉大家从医学角度推荐的“饮酒方法”。

关键在于尽量选择血糖生成指数（GI值）低的酒。GI值是表示进食后血糖值上升程度的指标，这个指数越高，作为身体老化的一个重要原因的“糖化”程度就越高。

所谓糖化也被称为身体“烤焦”，它会对动脉硬化和肌肤质量产生影响，与身体的“老化”直接相关。面包烤成吐司后会变成焦褐色，那就是因为面包发生了糖化。人体也会出现同样的现象，糖化程度越高，体内的老化就越严重。

选择身体糖化程度低的酒也有助于防止老化。在酒类中，GI值低的是葡萄酒，最高的是啤酒。我自己平时在家也喝葡萄酒，已经不再喝啤酒了。如果在没有葡萄酒的店里，我推荐喝烧酒或威士忌这样的蒸馏酒。

另外，“氧化”这种现象也与人体的老化有很大关系。人要生存，吸入氧气是必不可少的。说起来有点专业，氧气在体内与其他分子结合，会产生活性氧。活性氧是身体不可或缺的物质，但如果过量增加，就会损伤细胞，加速老化。

为了抑制这种活性氧，身体会产生“抗氧化”的作用，但是随着年龄的增长，抗氧化作用会逐渐减弱。因此，为了抑制老化，积极摄取具有抗氧化作用的食物是很有效的。因为葡萄酒中含有具有抗氧化作用的多酚，所以喝葡萄酒在防止身体氧化、抑制老化方面也很有效果。

## 不要“一人喝闷酒”

我刚才说过没有必要戒酒，但关于饮酒方式，有一点需要注意。那就是尽量不要一个人喝酒，那样会越喝越“愁”。

一个人优雅地度过时光的独自饮酒，和在孤独中沉溺于酒、借酒消愁的独自饮酒，是完全不同的。

比如说，日本昭和时代的大明星美空

云雀女士，据说她在晚年每晚都要“独自饮酒”，已然成为习惯，她的私生活简直就是在喝着“悲伤的酒”。

如果是和别人一起喝酒，稍微喝多点也没关系。如果是和伙伴们一起喧闹、倾诉烦恼之类的喝“快乐的酒”，倒也问题不大。

问题在于一个人喝酒。独自饮酒次数越多的人，越容易抑郁和得上酒精依赖症。如果是因为“每天不一个人喝点酒就睡不着”的话，我建议不要靠酒来助眠，而是去医院接受适当的药物治疗。

从70岁开始，对健康和医疗方面进行心态调整的关键在于，从“是否快乐”的角度去考虑。一个人喝酒，几乎很难让人感到兴奋或情绪高涨，是一种“不好的习惯”。

## 第五章

# 重塑“生活方式”“生活观”

## 重塑高龄后的“人生观”

每个人都有诸如人生观、“座右铭”之类的话语，作为自己“核心”的思维方式，随着年龄的增长也要对它们进行观念重塑。我想说的是，如果一直保持着年轻时的那种思维方式不改变，会相当不方便。比如说，有人信奉“不劳动者不得食”，然而，上了年纪后，谁都会渐渐无法工作。这样一来，就很容易产生“不工作靠养老金生活怎么可以呢”或者“没有缴纳养老金，日子穷了就接受救济，真是岂有此理”之类的想法。

话虽如此，一旦成为高龄者，工作机会就会受限。在那种时候，如果思维方式还是和年轻时一样，就会逐渐陷入困境，只会在精神上感到痛苦。

有一个小知识，有个人对《圣经·新约》里的“不劳动者不得食”提出了不同的见解。这个人就是列宁，他是苏联的革命家，建立了苏维埃政权。

列宁认为，“不劳动者”指的是那些拥有土地却不干活的地主。他们自己不劳动，却让佃农干活，靠不劳而获过日子。列宁所说的“不劳动者不得食”，意思就是要打倒这样的人，这个词并不是用来指代普通老百姓的。

人老了都会步履蹒跚，然而有的高龄者会抗拒进入养老院、去日间照料中心、依靠他人生活。我想这些人是在年轻时的价值观支配下，在工作中凭借自立和自尊活出精彩的人。

但是，年纪越大，不管愿不愿意，大脑和身体都会越来越衰弱。渐渐地需要向周围人寻求帮助来生活，这是“理所当然”的。

如果不能调整心态，还抱着年轻时的想法，认为“那样的事太丢人了”或者“那是没用的人做的事”之类的，那么痛苦的就会是自己。

## 摒弃“理应如此”的思维方式

在精神医学领域，把那样的思维方式称为“理应如此”。身为男人就必须得这样，不能依赖别人，交给自己的工作哪怕加班也必须好好完成……上了年纪后，就干脆抛开这些各种各样的“理应如此”吧。

上了年纪后，根本就不可能按照“理应如此”的方式生活。然而，如果还是坚持认为依赖别人生活、卧床不起、有点痴呆的自己是“没用的家伙”“没有活着的价值”，最终就只能是自己折磨自己，还很容易患上抑郁症之类的疾病。

自己做不到就要心安理得靠别人，毕竟

自己一直以来缴纳了那么多税金，从社会获得回报也是理所当然的——能否像这样调整心态，是余生能否快活的关键所在。

在迎来60岁、70岁的时候，要进行自我对照，观念重塑，比如“自己的人生观是不是有点太严苛了呢”“年轻的时候虽然是那么想的，但上了年纪后确实那样做不太现实了”。

甚至还有“君子豹变”这样的说法。前提改变了，思考方式自然就随之改变。懂得巧妙依赖他人，比固执地不依赖别人、足不出户、谨小慎微地度过晚年要好得多。

当然，通过依赖他人与很多人接触，外出并接受很多外界的刺激，这本身也有助于预防衰老。我真心希望大家能意识到，人生观的调整是让身心都更接近“幸龄者”的重要因素。

## “做到了”就是骄傲

人到了70岁，以前能做的事情现在有可能做不了。当有这样的感觉，意识到这种情况时，难免会生气或者感到悲伤，这也是人之常情。

不过实际上，即便到了70多岁，仍有相当多的事情是可以做的。所以，在接受“做不了的事”已经无法再做的同时，要做好那些“还能做的事”，也就是要不断发挥剩余的身体机能，认真审视现在的自己还能做些什么。

这就是朝着“幸龄者”目标迈进的明智生活方式。残奥会是一场比拼残疾人如何充分利用自身不健全机能的比赛。高龄者也需要这种“残奥会式的思维方式”。

把“能做的事”看作现在自己的长处，

秉持这样的态度，应该是对自己有帮助的。并不需要有什么特别出众的才能。哪怕是在年轻人看来不算突出的能力，对于到了这个年纪的人来说，“能做”这件事本身就足以成为了不起的优点。

40岁左右的时候，大概不会因为能和周围人以同样的速度走路而感到开心。但到了一定年纪，如果还能和同龄人以同样的速度行走，这不就是非常出色的身体机能吗？

能每天做饭，偶尔还能拿出自己腌制的咸菜招待客人；能独自去购物；能和任何人平等地交流；能坦率地向他人求助……仅仅是能做到这些看似“微不足道的小事”，就是人生的底气。

反过来说，能够从这些“微不足道的小事”中感受到幸福，正是上了年纪的好处之一。

## 无须随波逐流、迎合他人

虽然我们希望能够从“微不足道的小事”中感受到幸福，但也希望大家不要因此而太世故。

没必要装作是通情达理的高龄者。不要说什么“我都这把年纪了，所以得迎合年轻人”“这是社会潮流，得接受”之类的话。有点固执也没关系，怀有要把自己长久以来思考的东西以及从经验中获得的感悟传递出去的想法，这样一来，即便上了年纪，也能更自然地生活。

比如，在您五六十岁还在职的时候，就算跟年青一代讲述自己的经验，可能得到的也只是冷淡的回应。您或许也察觉到了他们的反感，像是“不想听那些老掉牙的故事”“现在已经不是那个时代了”……正因为知道这些，所以很容易就会认定“高龄者讲过去的事会讨人嫌”。

即便已经退休了的70多岁的老人说的话，也有可能不被对方当回事。也许还会遭到否定，比如“您那种想法已经过时啦”“在如今的社会可不管用啦”。

但我经常看到，无论年纪多大的人，他们不经意间说出的一句话，都会让人不禁感叹“原来如此”“或许确实是这样”。有时候当下没反应过来，可随着自己年龄渐长，也会点头认同“原来是这个意思啊”。

所以，坚持主张自己认为“理应如此”的想法就好。毕竟有太多事情，谁也无法判断其对错。

上了年纪之后，有时候突然有了想法，或者想要反驳对方的观点，往往会选择沉默，什么也不说。有时候会觉得自己的想法“是不是已经过时了”“会不会被认为太狭隘了”，从而把这些想法埋藏起来。

然而，对方或周围人的意见也不见得就是正确的，那不过是众多想法中的一种而已。

更何况，在政治、经济、人生观这些问题上，根本就不存在“唯一的答案”。答案有很多种，而且随着时代变迁，还会出现不同的答案。任何领域的常识，在短短几年内就被颠覆，或者出现全新的思考方式，这都不是什么稀罕事。

也就是说，既然不存在唯一绝对的正义，那么自己的想法和答案，作为一种观点，说出来也无妨。至少，没必要去迎合对方或周围的人。把在漫长人生中自然形成的想法，原原本本地表达出来。所谓坚持自我，不就是这样吗？

其实，我大概在10年前就意识到了这一点。

在那之前，我一直觉得学习是“为了得出答案”。我认为学习自己想学、想知道、不明白的东西，就是为了寻求答案。

然而，我渐渐开始觉得“任何事的答案都不唯一”，医学常识也在不断变化。也就是说，可能永远都无法确定到底哪个才是正确答案。我认为，能够同时持有多种答案或选择，才是真正的智慧。

## “70后”如何“学习”？

这样一来，人生的学习就变成了一种寻求各种可能性的行为。

我开始觉得，真正的学习就是一边思考着“有这样的可能性”“也有不是这样的可能性”，一边去探寻多个答案。说不定自己现在认为“确凿无疑”的答案，实际上并不正确。

这世上偶尔会有那种单方面把自己的想法强加给别人的人。对于这样的人，我会这样反驳他们：

“但是，你的说法并没有绝对正确的依据吧？”

“你能一直认为那个答案在未来都还会正确吗？”

这么一说，大多数人往往都会乖乖地说：“嗯，话是这么说啦……”

真正的学习不是找到唯一的答案，而是能够去思考多个答案。如果明白探寻各种可能性就是学习，那么学习就没有尽头了。

即使找到了一个答案，头脑里也还在想“只有这一个答案吗”“难道不存在其他的可能性吗”，那么学习就还能继续下去。

一提到学习，上了年纪的人往往很容易就会敬而远之，觉得“算了吧”。他们会这样想：“脑子已经学不进去太难的东西了”“事到如今就算学习也没有目标了”。但真的是这样吗？

无论是70岁还是80岁，有很多人都会

确定一个主题并投入学习。他们每个人都充满活力、熠熠生辉。比如，在当地的图书馆或公共场所会举办各种不同领域的学习会，有很多人不分年龄都在那里学习。

“学习”这个词，总会让人不由自主地联想到应试学习。应试学习中答案只有一个。通过大量背诵答案来获得高分，打败竞争对手。

在初等和中等教育阶段，背诵和灌输式学习是很重要的。但进入高等教育阶段或者步入社会之后，就不太需要那样的学习方式了。掌握各种各样的知识，了解多个答案。而且，基于那些知识，自己去整理出想法。如果这样去理解学习，那么即便是高龄者也能毫无负担地学进去。

实际上，也有70多岁的人去大学里旁听课程，或者考研究生，重新开始学习自己一直想学习的内容。

这些人身上有一个共同之处，那就是朴

素的“想要了解更多”的求知欲。人有一种无论到了多少岁都会有的求知欲，不是去寻找唯一的答案，而是想要了解各种各样的思考方式和观点，想要比现在更聪明。

读一本书，听一堂课。只要学习，就能更聪明。一天天地、一点点地变聪慧。不管是七八十岁还是八九十岁，我觉得这始终都是一件很重要也很令人开心的事情。

## 立刻停止3种“忍耐”

如前所述，解剖那些年过85岁去世的人的遗体时，会发现每个人身体的某个部位都存在癌症，大脑中能看到阿尔茨海默病类型的病变，血管中也能确认存在动脉硬化的情况。然而，他们中的很多人去世前并没有察觉到这些病症。

到了80岁，可以说身体里携带着多种

"疾病的萌芽"。

这些疾病的萌芽，不知道什么时候会发病。今天还很健康，明天说不定就不健康了，甚至突然死亡，这种情况也是有可能的。

这听起来也许有些残酷，但我认为还是接受这个事实比较好。

在此基础上，我建议大家过一种就算明天死去也不会后悔的生活。

刚才说的是80多岁的情况，但想要实现不后悔的生活，70多岁的人也是一样的，或者说60多岁亦是如此。70多岁的时候，相比80多岁，大脑和身体都更灵活。尽管如此，如果一直窝在家里，那么当真正到了无法行动的时候，肯定会后悔的。

要想不留遗憾地度过余生，在我看来，重要的是"不要忍耐和勉为其难"。

日常生活中，存在许多需要忍耐和勉为其难的事，但以下这三点最好尽快停止。

第一，对药的忍耐。

第二，饮食上的忍耐。

第三，放弃感兴趣的事物。

首先来解释一下对药的忍耐（译者注：即忍受药物相关的困扰）。

日本的医疗体系采用的是按器官分科诊疗的模式。医生们不是从综合的角度去看待疾病，而是各自诊断自己所负责的特定器官的状况。因此，药物的用量自然而然地就会增加。比如，在循环内科开了降压药，转诊到泌尿科后在那里也会开药，在内分泌代谢内科同样如此……不知不觉间，就常常会出现服用15种药物的情况。

病人可能会觉得医生认为这些药对自己的身体“有益”才开的，所以必须服用……但这其实就是一种忍耐。同时服用多种药物会对高龄者的身体造成损害，应该将服药量控制在最低限度。这才是与药物正确的相处方式。

另外，如前文所述，饮食上的忍耐没有意义。不要进行不合理的节食，而是要充分摄取营养，吃自己想吃的东西就好。

最后还有一点。不要过度在意别人的眼光，也别因为“年纪大了”就压抑自己而不去追求感兴趣的事。只要不犯罪、不违背公序良俗，就应该大胆地去做自己想做的事。

吃想吃的东西，做想做的事情，压力自然就会减少。到了70岁，就不要再忍耐了，尽情享受快乐的人生吧。

## 高龄者的6大后悔

在与众多高龄者接触的过程中，我有一个深切的感受，那就是很多人都有“后悔”。他们的后悔大致可归结为以下6点：

第一，真该多做些自己喜欢的事。

第二，要是多去经历一些事情就好了。

第三，真不该太委屈自己，一味地为别人付出。

第四，真该多向周围的人表达自己的感受。

第五，真不该过分担忧金钱。

第六，真不该太听医生的话。

各位读者，你们是否也有同感呢？很多人对这 6 件事感到后悔，这意味着现在行动还为时不晚，那就反过来，尽情去做这 6 件事吧。这也可算是一种心态调整，更是作为幸福高龄者快乐度过余生的“秘诀”。

## “70后”眼中的独特世界

即便花费时间，即便体力和注意力衰退，也没必要放弃现在能做的事。除非真的完全做不了，只要放慢节奏、劳逸结合还能做的事，就应该像以往一样坚持下去，这非常重要。如果觉得“上了年纪，就不用做那些让人疲惫、有负担的事了”，最终可能会什么都不做。这样确实轻松，但对于 70 岁的人来说，这种放弃还为时过早。不妨多一些不服老的精神，我认为这才是 70 岁该有的生活态度。

以不服老的心态度过 70 岁，精神饱满地迎来 80 岁，到了 80 岁后半段，再逐渐接受衰老，不勉强自己，只惬意地享受喜欢的事情，我觉得这样的生活方式很不错。如果在 70 岁时就因“上了年纪”而放弃许多事情，等 80 岁时可能就没什么能做的了，甚至连“去试试看吧”的想法都没了。

哪怕是读书、侍弄庭院这类轻松的事，要是搁置多年，也可能会失去兴趣。

80多岁的“幸龄者”依然有许多方式能让自己享受生活，他们在发展兴趣爱好和日常生活中珍视时光，出门与人见面也不觉得麻烦。虽说他们不会忙忙碌碌地四处奔波，但每一天都过得悠闲自在。

80多岁的人常说“从不觉得无聊”。在旁人看来，他们过得轻松闲适，对他们自己来说，一天之中充满了喜欢和能沉浸其中的时光，不知不觉一天就过去了。能过上这样的日子，是因为他们在70多岁时持续做着让自己开心、喜欢的事。由于80多岁时不太可能再发现新的兴趣爱好或想做的事，所以在70多岁时，尽可能在身边营造出更多随时能享受的世界至关重要。

现在我刚迈入60岁，有时会羡慕70多岁的男性。那些脸上有了不少皱纹、头发变白、胡须也明显斑白的男性，穿着令人熟悉的夹克，随意地坐在酒吧柜台的一角，一看就是常来，坐在固定的位置上，悠然自得地放松。

傍晚，那些较早营业的寿司店里也能看

到类似的场景，他们悠然地品尝着自己喜爱的寿司，慢悠悠地喝着日本酒。看到这样的画面，我总会心生羡慕。

我也向往他们享受旅行的状态。年轻时总是行色匆匆，即便坐新干线去地方城市，也很难有心情悠闲地欣赏窗外景色。但 70多岁的旅行者则不同，他们十分从容，或是欣赏窗外风景，或是阅读书籍，非常闲适。

衰老并不全都是令人悲观的事情。也存在只有年老之后才适合、才能够享受的世界。要是能意识到这一点，想必就会产生“想要度过帅气的老年时光”这样的想法。

## 70岁养成的习惯，受益终身

对 70多岁的人来说，不管是大脑功能还是身体机能，持续使用现有的能力至关重要。如果在 70多岁时能有意识地持续运用这些能力，到了80多岁、90多岁需要护理的时间就能往后推迟。前面反复提到，避免“劲头下降”非常关键。另外，对70多岁的人而言，“养成持续使用能力的习惯”越来越重要。

为什么“养成习惯”很重要呢?

因为很多人在70岁左右就退休了。工作的时候，每天有日常工作任务，所以必然要进行活动。但退休之后，就没有什么非得动脑、动身体的理由了。如果不刻意养成动脑、动身体的习惯，大脑功能和运动功能就无法保持。

还有另一个原因，那就是70多岁开始养成的习惯往往会持续一生。比如，70多岁时就下定决心“平常多走走”，从而养成散步习惯的人，到了80多岁也会继续坚持。70多岁时决定“去游泳”“去爬山”并养成习惯的人，只要体力允许，80多岁时也会继续坚持。就算没办法游泳、爬山了，也会想找其他事情来活动身体，这种想活动身体的意识肯定会伴随一生。

不只是运动，观看戏剧、绘画、下围棋或象棋、作俳句等兴趣活动，如果在70多岁时养成习惯，大多也会持续一辈子。所以，70岁时有意识地养成好的习惯非常重要。虽说因人而异，但对大多数人来说，80岁之后再去养成新的习惯是相当困难的。因为和70岁时相比，身体机能以及尝试新事物的意愿都大幅下降了。因此，在身体机能和意愿还接近工作时期的70多岁，养成好的习惯尤为重要。

70多岁的人如果什么都不做，就会加速衰老。所以，为了维持身体机能，有意识地行动就变得很关键。现在有意识地养成好的习惯，这和70岁之后保持活力息息相关。

## 继续工作是最好的抗衰老药物

对身心健康来说,“工作”非常重要,但这与年轻时为了“赚钱”而工作不同。不管收入多少,重要的是根据“是否有趣”来判断,去做自己想尝试、觉得有趣、能获得成就感的工作。

持续工作能延缓我们的衰老,让我们一直保持年轻有活力。这一点有数据作为支撑。

日本长野县曾经在日本各地的平均寿命排名中处于靠后的位置,但在1975年,长野县男性的平均寿命跃居日本第4,之后开始持续上升,从20世纪90年代开始,多次位居全国第1。女性在2010年的调查中也位居第1,长野县男女的平均寿命都成了日本第1名。根据日本厚生劳动省2015年的调查结果,长野县男性平均寿命为81.75岁,位居全国第 2，女性为87.67岁，排名全国第1。

长野县居民为什么这么长寿呢？对此，有各种各样的猜测。有人说因为长野县有吃蝗虫、蜂蛹等昆虫的习惯，也有人说因为地形上多山区，人们经常走山路，锻炼了腿脚。不过近年来，吃昆虫的情况越来越少，而且随着汽车的普及，走山路的次数也变少了，所以这些假说没什么说服力了。我认为真正的原因或许在于长野县高龄者的就业率，长野县在高龄者就业率方面，多次位居日本第1名。根据日本总务省统计局的数据，截至 2017 年 10月 1 日，长野县男性高龄者就业率为 41.6%，女性是21.6%，男女都排名第1。

不宅在家里，坚持工作，能延缓大脑功能和运动功能的衰老，延长高龄者的寿命。这一点从冲绳县的平均寿命和就业率的关系中也能看出一二。冲绳县一度给人一种长寿县的印象，现在女性依旧长寿，但实际上男性的平均寿命在不断下降，如今已经排在日本的第30名以外了。前面提到的厚生劳动省2015年的调查中，女性的平均寿命排在日本第7位，而男性却排在第36位。

为什么气候环境相同、食物相似的冲绳男性和女性，平均寿命会有这么大的差距呢？我认为原因或许也隐藏在就业率中。实际上，冲绳县男性高龄者的就业率在日本是最低的。我觉得这可能就是拉低男性平均寿命的一个因素。

女性的情况是有些女性从年轻的时候就当专职家庭主妇，就算上了年纪，也可能一个人承担所有家务，所以就业率本身对她们寿命的直接影响可能不像男性那么大。而男性则不同，是否工作对平均寿命的长短有比较大的影响。长野县还有调查结果显示，当地高龄者的人均医疗费处于日本最低水平，这也说明这里很多人上了年纪但还比较健康。

坚持工作不失为让高龄者不降低活动水平的一个简单而直接的方法。它有助于延缓大脑和身体的衰老，让人能精神饱满地度过八九十岁。不过，上了年纪之后的工作方式应该和年轻时有所不同。前面也提到过，工作不应再追求金钱和效率，而应该转变观念，认为工作是利用自己的经验和知识为社会作贡献。

工作的时候，人们非常执着于“能赚多少钱”“能取得多少成果”，但到了这个年纪就应该明白，这些只是工作的一个方面，退休之后，也可以选择把自己的经验和知识“用在为他人做些什么上”。从参与社会活动、发挥自己的作用中找到价值，享受工作本身带来的乐趣。这就是“幸龄者”的工作方式，我觉得这也可以说是最好的抗衰老方法。

## “70后”之幸
## ——尽情做自己喜欢的事

“老人”“高龄者”这些词，人们平时经常使用，而且好像大家也都明白是什么意思。

本来，高龄者指的是在社会年龄阶层中处于上层的人群。举个极端点的例子，如果一个社会的平均寿命是60岁，那么过了50岁就完全可以算是高龄者了。实际上，1960年日本人的平均寿命男性是65岁，女性是70岁，所以当时50岁的男性就已经完全属于高龄者了。

以前，60岁确实算是高龄了。当时退休年龄是55岁，过了退休年龄，就基本隐退，每天陪着孙子、孙女过日子，这种“老爷爷”的形象很常见。但现在的60岁就大不一样了，这个年纪的人基本上还属于在职群体。

现在大多数企业把退休年龄延长到了 65 岁，或者提供再就业机会。

从定义上来说，现代的高龄者指的是过了 65 岁、退休之后的人。在医疗制度和公共机构的划分里，65 岁到 75岁是前期高龄者，75 岁以上是后期高龄者。

但是，不管是男性还是女性，70 岁前半段的人，大多不会觉得自己已经属于高龄者这个范畴了。这个时候孩子已经长大成人，房贷也还完了，没有什么必须要做的事情了，每天的时间都完全属于自己。所以本来应该充满干劲地想着“接下来要尽情享受余下的人生”。

然而，就在这个时候，衰老的迹象开始悄悄出现。体检的时候开始在意各项数据，甚至可能会被查出一些意想不到的严重疾病。自己出现这种情况当然不用说，就算只是听到同年龄段的朋友、熟人说起各种疾病，原本生活没什么问题的人也会开始担心，想着“得小心点了”。

家人会担心，自己也会觉得“确实不再年轻了”，然后就开始不断地暗示自己“已经是高龄者了”。

其实，现在这个时代，70多岁还是会一直充满活力的，所以完全没必要这样暗示自己。应该更积极乐观一些，要知道这是人生中最后一个能尽情享受自己喜欢的事情的年龄段，我们应该为此感到更加开心。

毕竟，如果身体健康的话，70多岁可以说是人生中最幸福的高龄阶段了。

终　章

# 重塑观念的七条法则

## 不以胜负论英雄

在序章中，我列举了“重塑观念的七条法则”。读到这里，相信大家已经充分理解了我的想法。作为最后的总结，我想再次给大家详细讲解一下这七条法则，希望大家在今后的人生中努力成为“幸龄者”。

### 第一条　不以胜负论英雄

人总是会不自觉地和别人比较，而且都不想输给别人。

但要知道，如果什么事情都从胜负的角度去考虑，人就没办法学习成长了。

如果总是抱着“承认这一点就输了”这种价值观，不停地否定对方的意见，那么人际关系肯定会变差。而且这样一来，人的视野会越来越狭窄，只能在充满偏见的思维方式里生活。所以我们要避免过度执着于胜负，陷入狭隘的思维方式。

希望大家随着年龄的增长，能越来越认同“答案不是唯一的”这个观点。能够接纳各种各样的事物，这样才能随着年龄的增长而更加睿智。如果不改变自己的想法，就算年龄增长了，也不会比以前更聪明。

## 人生是一场体验

我从50来岁开始，就不再为了寻求正确答案而去读书了。从那以后，我为了了解事物存在的各种各样的正确答案而去读各类书籍，开始享受读书的乐趣。

那些认定每件事都有一个正确答案的人，是那种在尝试之前就觉得已经有答案的人。就拿读书来说，这样的人因为在自己心里已经有了正确答案，结果就只会搜罗那些和自己意见一致的书。

世上并不存在什么绝对正确的答案。不尝试的话就不会知道结果。如果能这样去看待问题，世界就会广阔得多。

当我主张“把遗产税提高到 100% 的话，高龄者就会花钱，经济就会变好”，立刻就会有人反驳说“实际上世界各国都在降低遗产税”“没有任何经济学理论会这么说”。这些反驳确实有道理，但是不试试的话怎么知道效果呢（我的主张是否可行）？日本是世界上老龄化率最高的国家，处于人类历史上老龄化率最高的阶段。既然如此，尝试一下至今从未实施过的政策不也挺好的嘛，至少我是这么认为的。

人生就是一场体验，是一连串的实验。

假如今天决定去吃拉面，我很清楚常去的那家店确实很好吃，但是旁边有一家我从来没进去过的店，而且这家店有时候还会有人排队，应该味道不错，但也有可能不合我的口味，最后我还是走进了常去的那家拉面店……

当然，这样也能吃到一直觉得好吃的拉面，但要是第一次走进旁边那家店，尝试一下不一样的拉面，人生或许会因此变得更加丰富多彩。

“人生丰富多彩”这种说法也许有点夸张，但如果旁边那家店的拉面很好吃，那自己的“美食储备”不就增加了嘛。当然，那家店的拉面也有可能不好吃，那种情况下，就当作这次实验失败了就好了，没什么大不了的。

不断尝试的过程才是人生。只有去尝试，人生的乐趣才会不断拓展。

所以，这就是结论。

第二条　尝试，才能找到答案

## 摒弃“理应如此”的思维方式

随着年龄的增长，人会趋向保守。

人们会列出诸如“我已经上了年纪了”“这么做既没意义又不体面”等借口，从而不去挑战新的事物。

人们擅自设定了“理应如此”这样的标准，并且绝不再试图超越这个标准。

在此，我想说的是……

第三条　摒弃“理应如此”的思维方式

比如，看到一件非常漂亮的红色衣服，自己很想穿，但很多人会犹豫，心想“我穿这个会不会被人笑话啊”。

但就像前面说的，人生就是一场体验，不穿上试试，怎么知道会不会被笑话呢？说不定穿上之后，别人会夸你“很适合你”“显得好年轻”呢。这些不试一试，怎么会知道呢？

我们应该意识到，这种“理应如此”的固有观念，或者说自尊心，正在一点一点地剥夺我们尝试的机会。不敢穿红色衣服，就是太在意别人的看法。人们总是觉得高龄者穿鲜艳可爱的衣服会被嘲笑，就应该穿得朴素一点，这都是太在意别人眼光的表现。“理应如此”其实就是“这样做不好看，还是算了吧”，这种思维方式会限制高龄者的行动范围。有的人因为“不想拄拐杖”“不想戴尿布”就不出门，因为“不想戴助听器”就避免和别人交流。

其实我们应该更灵活地看待年龄增长这件事，多去尝试各种事情。这样的人更有可能拥有快乐的晚年生活，得抑郁症的风险也会更低。

## 享受当下

虽说不是引发社会热议的“养老需要2000万日元的问题”，但很多高龄者以及快要步入高龄的人都感到焦虑，其实他们在经济上并没有那么困难。因为不想动用“养老积蓄”就不花钱，过度节省是没有必要的。

重要的是用这些钱享受当下的生活。有的人会想“现在还不能动用积蓄，再忍5年，5年后去旅行”，但是5年后可能因为身体原因去不了了。

现在身体还健康的高龄者，也有可能突然患上脑病，明天就需要别人照顾了。要是不小心摔倒骨折，和年轻时不一样，上了年纪之后恢复周期长，可能很长时间都行动困难。所以我们要清楚，当你想着“期待5年后的快乐”时，5 年后的身体状况很可能已经不能让你如愿以偿了。

所以，从现在开始，大家把这句话当作座右铭。

## 第四条　享受当下

要是现在有能让自己开心的事却不及时去享受，日后可能就无法再享受了。到了一定年纪，一定要做好这样的思想准备。

年轻的时候，那些抱着“现在忍耐一下，努力拼搏，以后就会有好事发生”想法的人，在将来往往更容易取得成功。不过，我觉得上了年纪之后，就不该再这么想了。我们应该这样想：如果现在不及时享受，那可就亏了——让我们调整好这样的心态吧。

## 不与人比较

日本剧作家桥田寿贺子于2021年去世。她生前出版了一本名为《请让我安乐死去》的书，引发了广泛讨论。桥田女士在很多场合都说："要是我得了阿尔茨海默病，请让我选择安乐死。"

这难道不是对阿尔茨海默病患者的一种歧视吗？

实际上，很多没有患认知障碍的高龄者会做出歧视那些患认知障碍的高龄者的言行。也就是说，高龄者之间存在着很多互相歧视的现象。

有些人会想，自己和同龄人相比，头脑更清醒、走路更稳当、没有患癌症，也不用戴尿布…… 觉得自己"比别人强"。但是这些人要知道，现在比别人强的时候感觉很好，可是一旦自己衰老加剧，"不如别人"的时候，可能就无法接受自己了。

所以，大家要记住下面这句话：不要与他人比较，也不要歧视高龄者。

## 第五条　不与人比较/高龄者不相互歧视

像认知障碍这类疾病，只要活得足够久，最终每个人都有可能患上。只是患病时间早晚的区别罢了。要是吹嘘自己“和那个人相比，我没患上认知障碍”之类，其实就等同于在嘲笑不久之后可能也会患病的自己。

## 自己寻找答案

高龄者积累了丰富的人生经验。

当然，活到这个年纪，也经历过许多次

失败吧。正是这些经历的不断累积，磨炼出了所谓的“第六感”。或许自己很难察觉到，但实际上直觉已经被磨炼得越发敏锐了。而且，我们应该相信，凭借这种出色的直觉做出的判断是正确的。

就拿流行感冒期间的情况来说。

传染病方面的专家以及媒体都呼吁“请大家自觉减少外出”。

但是如果一直都窝在家里，既不活动身体，也不与他人接触，这样的生活就会变得很无趣。时间久了，真的没问题吗？如果凭直觉意识到了这一点，那么出门去活动活动就好了。

参考专家的意见是很重要的，但也没有必要盲目相信这些意见。毕竟这是为了保护自己身体的行动。最佳的解决方案由自己思考得出就可以了。

又或者，假设一位离了婚或者丧偶的单身高龄者有了新的恋人。

这对恋人彼此之间是想要结婚的，然而，他们的子女和朋友们却持反对意见，认为“对方肯定是冲着财产来的”。但是，恋人究竟是怎样的人，两人是否真的相爱，又或者对方实际上是不是真的冲着财产来的，这些问题，当事人凭借自己的直觉就能得出答案。

## 第六条　自己寻找答案

在所有的事情上，重要的并非他人是怎么想的，而是自己如何去看待。我们应该自己来得出关于自己人生的结论。

### 不要在意别人的眼光

最后我想要告诉大家的事情，用下面这一句话就可以概括了。

## 第七条　不要在意别人的眼光

其实这句话可以说是整个观念重塑中最重要的一点。

前面说的不以成败论英雄、不要被“理应如此”的思维束缚等，说到底都是因为太在意别人的眼光。别人是别人，自己是自己。

当然，违法犯罪的事情可不能做。只要不违法，自己想做什么就去做。

如果想穿鲜艳的衣服，那就穿。如果想把白头发染成棕色，那就去染。

可能会有人觉得你“这样不合适”“装嫩，看着真别扭”，甚至嘲笑你“太自我陶醉了”。

但是，别在意这些人的看法。人们常常觉得陶醉于自我是不好的，但其实并非如此。没有什么状态比自我陶醉更让人幸福的了，因为自我陶醉的时候会分泌血清素，也就是幸福荷尔蒙，它能让人保持健康和年轻。

在爱情方面也是一样。如果有了恋人，就大大方方地手牵手一起散步。不要在意那些说你“这么大年纪还这样，真不像话”的人。

就像俳人川田顺曾经所写的俳句“暮年近墓旁，恋心萌动意飞扬，无畏度时光”，高龄者的恋爱就应该无所畏惧。那些觉得你是“老色鬼”的眼光，完全不用在意。

因为这样反而能激活雄性激素，让身心都保持年轻。我觉得在意别人的眼光限制了高龄者的行动。

大家要调整心态，从 70 岁开始“想做什么就做什么”。不要在意别人的眼光，去做自己想做的事。我认为这就是让余生过得丰富充实的秘诀。

# 致谢

老龄化似乎在每个国家都是重大议题。邻国中国也是如此。

我最信任的一位中国问题研究专家近藤大介给我讲了这样一件事。

2022年10月，在中国著名的《经济观察报》上，近藤大介先生撰写的专栏介绍了我以及我2022年的畅销书《80岁的墙》，在中国引起了巨大反响，浏览量迅速超过200万。据说，“幸龄者”这个词还成了中国的流行语。在老龄化程度日益加深的中国，高龄者如何幸福地生活，已然成为备受市民关注的重大议题。

至于步入高龄究竟是不幸，还是能成为幸福的“幸龄者”，这只能说是一种“主观感受”。

比如，即便卧病在床，有人也能把窗外的景色写成俳句并乐在其中，享受每一天的乐趣。很多认知障碍患者病情越发展，笑容反而越多，至少在我看来，他们似乎忘却了烦恼，很是幸福。

另外，有些人坐拥大量财产，入住高级养老院，享受着顶级的护理服务，却总是拿现在和过去辉煌时期的自己作比较，抱怨个不停。从他们的神情来看，他们并不幸福。

在精神医学领域，有一种名为“认知疗法”的治疗手段很受欢迎。即便客观现实无法改变，它也能通过改变患者对事物的看法，让其主观世界更具适应性，从而获得更多幸福感。此外，现代精神分析学也越发重视“改变主观认知”这一理念。

虽说有医生或临床心理咨询师的建议往往能事半功倍，但从美国大量认知疗法相关书籍的出版情况中不难看出，靠自己的力量也能实现心态转变。

在本书中，我倡导通过“观念重塑”来改变看待事物的角度，进而改变生活方式。我认为，对于身体机能逐渐衰退、与社会的互动方式不断变化的高龄者而言，这可以成为他们幸福生活的“工具”。

如果通过本书，能让更多高龄者逐渐向“幸龄者”转变，作为作者，我将感到无比荣幸。

在本书末尾，借此机会，我衷心感谢为本书出版付出辛勤努力的PRESIDENT公司的村上诚先生和菊地武显先生。

和田秀树

2023年5月